互联网＋职业技能系列微课版创新教材

计算机基础

与网络应用

沙 旭　徐 虹　欧阳小华　编著

U0325417

北京希望电子出版社
Beijing Hope Electronic Press
w w w . b h p . c o m . c n

内 容 简 介

随着"互联网+"时代的到来，职业教育和互联网技术日益融合发展。为提升职业院校培养高素质技能人才的教学能力，现推出"互联网+职业技能系列微课版创新教材"。

本书采用知识点配套项目微课进行讲解，书中各章节主要以"本章要点+学习目标+知识讲解"的结构进行讲解，从两大部分着手，系统且详细地阐述了计算机的基础知识。第一部分全面系统地介绍了计算机基础知识、Windows 7 的基本操作以及一些工具软件的操作与使用；第二部分阐述了计算机网络的信息安全、计算机网络的基础知识，以及网络体系结构。

本书可作为大中专院校、职业学校及各类社会培训机构的教材，也可作为自学者提升计算机应用能力与网络知识的参考用书。

为帮助读者更好地学习，本书提供了配套微课视频，读者可通过扫描封底和正文中的二维码获取相关文件。

图书在版编目（CIP）数据

计算机基础与网络应用 / 沙旭, 徐虹, 欧阳小华编著. -- 北京: 北京希望电子出版社, 2020.4
互联网+职业技能系列微课版创新教材
ISBN 978-7-83002-749-0

Ⅰ.①计… Ⅱ.①沙… ②徐… ③欧… Ⅲ.①电子计算机－教材②计算机网络－教材 Ⅳ.①TP3

中国版本图书馆 CIP 数据核字(2020)第 046836 号

出版：北京希望电子出版社　　　　　　　封面：汉字风
地址：北京市海淀区中关村大街 22 号　　编辑：周卓琳
　　　中科大厦 A 座 10 层　　　　　　　校对：李小楠
邮编：100190　　　　　　　　　　　　开本：787mm×1092mm　1/16
网址：www.bhp.com.cn　　　　　　　　印张：14.75
电话：010-82626227　　　　　　　　　字数：350 千字
传真：010-62543892　　　　　　　　　印刷：北京昌联印刷有限公司
经销：各地新华书店　　　　　　　　　版次：2024 年 7 月 1 版 6 次印刷

定价：41.50 元

编 委 会

FOREWORD 前言

在互联网时代，计算机已经成为不可或缺的工作、学习及娱乐工具。同时，当今的计算机技术在信息社会中的应用是全方位的，已广泛应用到军事、科研、经济和文化等各个领域，其作用和意义已超出了科学和技术层面，达到了社会文化的层面。因此，能够运用计算机进行信息处理已成为每位学生必备的基本能力。

"计算机应用及网络基础"是高等职业教育的一门公共基础课，学生的学习基础参差不齐，理解力和学习能力也不同，采用过去传统的讲授方式不能调动学生对枯燥的计算机基础理论知识的热情。因此，在充分调研的基础上，本书精心编排，设计的内容以通俗易懂的方式进行讲解。

本书不断探索"互联网+"计算机基础教学的新模式，以提升学生的计算机应用能力和职业化的办公能力。

本书内容紧密结合当下"计算机应用基础"课程相关的主流技术，讲解了以下8个部分的内容。

- 计算机基础知识。该部分主要讲解计算机概述、计算机的工作原理与系统构成、计算机的硬件构成、信息在计算机中的表示与存储。
- 中文Windows 7操作系统。该部分主要介绍了Windows 7基础、Windows 7的基础概念与操作、文件管理、程序管理、控制面板管理、Windows 7磁盘管理、Windows 7附件程序应用。
- 数据库技术基础。该部分主要介绍了数据库基础知识、关系数据库基础、结构化查询语言SQL、Access 2010的基本操作。
- 图形处理基础。该部分主要介绍了Photoshop的应用、Photoshop的操作环境、图层的使用、图像的基本操作等知识。
- 动画设计基础。该部分主要介绍了Flash的应用，Flash的操作环境，时间轴、帧与图层，Flash基础动画，元件和库等动画设计知识。
- 信息安全技术基础。该部分主要介绍了信息安全基础、计算机病毒及防治、黑客的防范等计算机安全知识，以提高安全防范意识。

□ 计算机网络基础。该部分主要介绍了计算机网络基础知识、局域网技术、无线网络、Windows 7网络功能、因特网基础、因特网上的信息服务、网页设计技术等知识内容。

□ 计算机网络进阶。该部分主要介绍了计算机网络分类、计算机网络体系结构、参考模型、网络标准化等知识。

由于本书的知识面较广，要将众多的知识很好地贯穿起来，难度较大，书中难免存在不足之处，恳请读者批评指正。

编　者

CONTENTS 目录

第1章　计算机基础知识

第2章　中文Windows 7操作系统

第3章 数据库技术基础

第4章　图像处理基础

第5章　动画设计基础

第6章　信息安全技术基础

第7章　计算机网络基础

第8章 计算机网络进阶

目录

5

第1章

计算机基础知识

本章导读◢

　　随着社会、科技、经济和文化的快速发展，特别是计算机技术和通信技术的结合，人们对信息的意识越来越强，对开发和使用信息资源的重视程度越来越高。如何学会操作计算机已经成为每一位职场人士在这个信息纷杂的社会中站稳脚跟的必备基本技能之一。

　　本章旨在帮助学生认识到学习计算机的重要性，感受计算机功能的强大，掌握计算机最基本的知识，掌握计算机内部数据表示与处理方式，理解计算机的工作过程，为今后学习奠定基础。

本章要点

- 计算机概述
- 计算机的工作原理与系统构成
- 计算机的硬件组成
- 信息在计算机中的表示与存储

学习目标

当今社会，计算机的应用已经相当普及。例如，很多人都用其玩过游戏，栩栩如生的游戏人物、逼真的游戏画面，不得不让人们感叹计算机功能的强大。

实际上，计算机诞生的时间并不算长，如果从1946年最早的电子管计算机诞生算起，不到80年；如果从1990年诞生的个人计算机被广泛使用开始算起，仅仅不过30余年的时间。

在如此短的时间内，计算机的发展如此迅猛，它到底是如何构造和运行的？它所具有的强大功能又是如何实现的？本章就通过计算机原理来揭开它的神秘面纱。

1.1 计算机概述

计算机是一个重要的应用工具，在它的帮助下，我们的生活发生了很大的变化。那么，计算机是如何给我们带来这些改变的呢？它都有哪些特点？它是如何分类和应用的？又是如何发展的？本节首先来了解这方面的知识。

1.1.1 计算机的特点

计算机主要具有如下特点。

- 运算速度快：目前，巨型机的运算速度可达每秒千万亿次，而微机也可达每秒亿次以上，这使得大量复杂的科学技术问题得以解决。例如，卫星轨道的计算、24小时天气预报的计算等。过去人工计算需要几年、几十年完成的工作，现在使用计算机只需几小时甚至是几分钟即可完成。
- 计算精确度高：科学技术的发展需要高度精确的计算。一般计算机可以有十几位甚至是几十位（二进制）有效数字，计算精度可由千分之几到百万分之几，是其他任何计算工具所不及的。

- 具有记忆和逻辑判断能力：随着计算机存储容量的不断增大，可存储记忆的信息越来越多。计算机不仅能进行计算，而且能把参加运算的数据、程序以及中间结果和最终结果保存起来，以供用户随时调用。计算机还可以通过编码技术对各种信息进行算术运算和逻辑运算，或是进行推理和证明。
- 具有自动控制能力：将各种运行步骤编制为程序并"告诉"计算机，计算机将会按照人们的操作来自动完成相应的工作。近期流行的物联网、智能家居以及研发中的智能机器人都是计算机高度自动化的表现。

1.1.2 计算机的发展

下面简单介绍计算机的发展历程。

第一代（1946年～1958年）电子管计算机时代。其主要特征是采用电子管（如图1-1所示）作为运算和逻辑元件，用计算机汇编语言编写程序。此时的计算机价格昂贵，主要用于军事、科学和工程计算。

> **提示** 1946年世界上第一台电子多用途计算机诞生于美国的宾夕法尼亚大学，它被命名为ENIAC。此计算机使用了18 000多个电子管和1 500多个继电器，占地面积170m²，重约30余吨，耗电140kW/h，但是其计算能力仅比现在的普通计算器稍强。

第二代（1959年～1964年）晶体管计算机时代。其主要特征是用晶体管（如图1-2所示）代替电子管作为运算和逻辑元件，用磁带和磁盘作为外存储器，使用面向过程的程序设计语言编写程序。此时的计算机体积已大为缩小，从房间大小的第一代计算机缩小到衣柜大小（图1-3为20世纪60年代研制的我国第一台晶体管计算机441-B）。此时的计算机应用领域已拓展到商业数据处理和过程控制。

图1-1 电子管   图1-2 晶体管   图1-3 晶体管计算机

> **提示** 目前，大多数电子设备中的电子管都已被晶体管所取代，但由于电子管具有工作频率高和线性性能优良等特点，在一些高档功放（被称作"胆机"）中仍然被使用。

第三代（1965年～1970年）集成电路计算机时代。其特征是用集成电路代替了分立元件，用半导体存储器取代了磁芯存储器，而在软件方面，操作系统日益成熟（DOS操作系统就是在此阶段诞生的）。这一时期，计算机的应用被拓展到信息管理（如会计电算化）、计算机辅助设计（CAD）、计算机辅助制造等领域。

> **提示** 第三代计算机的代表机型是IBM公司于1965年推出的System/360，如图1-4所示，其主要面向大型企业销售，售价在250万到300万美元之间。

第四代（1971年～至今）大规模和超大规模集成电路计算机时代。其特征是大规模集成电路和超大规模集成电路的广泛应用，而在软件方面，则经历了数据库系统、分布式操作系统等技术的发展。这一时期（特别是从20世纪80年代开始），计算机网络发展迅速，个人计算机开始走向千家万户。

 提示
　　第一个诞生的大规模集成电路，即中央处理器（CPU），是Intel公司1971年发布的4004（4位），然后依次是Intel 8008（8位）、Intel 8086（16位）、80286、386（32位）、486、586（奔腾），接着是奔腾二代、三代、四代（64位）、酷睿处理器等。其中，80286计算机是我国20世纪80年代使用的个人计算机，如图1-5所示，早期售价在几十万元人民币，当时只在一些国家单位和学校中拥有并使用，它不具有图形界面，只能运行MS-DOS操作系统，其性能甚至还不如现在几百元的手机。

图1-4　System/360电脑应用示意图　　　　　　　图1-5　80286计算机

　　20世纪80年代日本提出了第五代计算机的研制计划，并将第五代计算机称为智能计算机（即指能够与人交互的计算机系统）。但是，到目前为止的智能计算机仍然具有很多缺陷（如不能联想、不能推理、不能学习等），无法做到与人无障碍地沟通和对话，所以目前我们使用的计算机仍然属于第四代计算机。

1.1.3　计算机的分类

　　计算机的分类方法是多种多样的，例如，按照用途可分为模拟和数字，按照应用范围可分为通用和专用，等等。本节按照最普遍的分类方法，即按照计算机的综合性能指标来划分计算机的类型，具体分类如下所述。

- 巨型机：运算性能超强的计算机（可以达到每秒千万亿次浮点运算）。巨型机价格昂贵，数量稀少，多用于航天、勘探、气象、金融等众多需要大数据运算的领域。
- 服务器：运算速度和稳定性强于个人计算机，但性能差于巨型计算机。它没有巨型机那么高的运算速度（有的甚至还不如某些个人计算机），但是由于其安全性高（性能稳定、数据不易丢失），可以长时间连续运行，多作为共享资源的中心节点，在Web服务、文件存储、数据库应用及通信等方面广泛应用，图1-6所示为1U服务器。

- 工作站：工作站比个人计算机性能要高，但又不具有服务器那样的高稳定性。它主要面向专业应用领域，其强大的数据运算与图形图像处理能力，可以满足工业设计、动画制作、模拟仿真和金融管理等领域的需要，图1-7所示为惠普工作站。

- 微机：这是工作和生活中最常见的个人计算机（包括台式机、笔记本和平板电脑等）。微机的特点是价格便宜、兼容性和适应性好、操作方便简单，因此被广泛应用于办公、学习和娱乐等社会生活的方方面面。

- 嵌入式计算机：可以把它理解为嵌入到其他设备内的计算机，高级一些的（如现在的智能手机、智能电视等）都安装有内部操作系统。诸如安装在电冰箱、洗衣机、空调、电饭煲内部的控制电路板，也都属于嵌入式计算机的范畴。嵌入式计算机通常是为了满足智能控制的需要，所以有些只是一个控制电路（例如，"单片机开发"实际上就是要制造这种嵌入式的计算机），图1-8所示为加湿器的电路板。

图1-6　1U服务器　　　　　图1-7　惠普工作站　　　　图1-8　加湿器的电路板

1.1.4　计算机的应用

万里之外可以与人通话，全球可以电视直播……计算机发展到今天，可以说是彻底颠覆和改变了人们的工作和生活。本节将介绍计算机的主要应用领域。

- 高效办公：现在无论是去银行还是各种营业厅，工作人员几乎都是人手一台计算机进行业务处理。计算机的高性能，配合各种各样的应用软件，再加上外围设备的支持，很多公司都实现了无纸化办公。所以说，在如今的工作生活中，掌握一定的计算机操作技能是非常有必要的。

- 娱乐：可以利用计算机听音乐、看电视、看电影、玩游戏等。现在的计算机游戏非常多，有单机游戏，也有多人游戏，还有网络游戏。

- 网络通信：利用计算机网络，可以非常方便地共享数据，可以快速及时地传送或查询信息（电子邮件取代了手写邮件），可以收发传真、拨打可视电话，可以在家中进行购物、求医甚至是找工作等。

- 信息管理：计算机在数据处理方面的高性能，令它在这一应用领域绝对不可缺少。各种各样的日常工作，例如人事管理、金融管理、仓储管理、客票预定、图书和资料检索等，都已离不开计算机。
- 平面、动画设计及排版：以前的动画片都是手绘的，操作烦琐、效率低下，现在在计算机的帮助下，可以大大缩短图像处理和动画制作的时间，而且有时可以以假乱真。使用计算机编排文章、处理文字、插入图片等操作都是非常简单和高效的。
- 辅助功能：使用计算机辅助设计（CAD）可以省去手绘图纸的麻烦，修改起来非常方便；计算机辅助制造（CAM）可以将设计意图快速转化成产品；计算机辅助工程（CAE）则可以实现在设计过程中模拟测试产品生产出来的性能，如图1-9所示。此外，还可以利用计算机进行计算机辅助教学（CAI）、计算机辅助翻译（CAT）等工作。

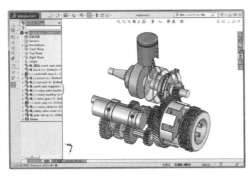 

图1-9　左为设计发动机（CAD），右为模拟汽车碰撞测试（CAE）

- 科学计算：这一领域是计算机最早的应用领域，当前也仍在广泛应用。例如，前面提及的天气预报、航空航天、勘探和金融等领域，都在大量应用计算机。
- 过程控制：在工业和军事等领域常利用计算机实时采集、检测数据，并根据预定方案进行自动控制。对于一些危险领域，使用计算机进行过程控制也是很有必要的。
- 人工智能：目前，虽然我们还不能制造真正意义上的机器人，但是各种智能手表、智能眼镜、智能手机、智能电视等设备不断涌现，也在日新月异地改变着我们的生活。随着科技的日益进步，相信这些目前还不太智能的智能设备必将变得越来越"聪明"。

1.2 计算机的工作原理与系统构成

　　为了更好地使用计算机，就必须对计算机系统有全面的了解。本节主要介绍计算机的基本工作原理、计算机软硬件系统、计算机指令、程序设计语言以及计算机的性能指标等基础知识。

1.2.1 计算机工作原理

在20世纪50年代，随着科学研究的深入，人们发现在验证一些数据或物理现象时，都需要进行复杂的运算。如果通过手工计算这些数据，所需花费的时间是令人无法容忍的，所以促使人们必须研制计算速度较快的自动计算装置。

一开始，人们制造了一些简单的电子计算装置，但是它们有个缺点，那就是只能执行一种或几种计算功能（类似现在的计算器），缺少灵活性和普遍适用性。

在1944年～1945年间研制ENIAC计算机时，冯·诺依曼加入了研制小组，为了使电子计算器能够胜任各种计算任务，他提出了以"程序存储"和"程序控制"为主要思想的"冯·诺依曼体系结构"。

"冯·诺依曼体系结构"中，不再把要执行的计算任务固化在计算机的CPU中，而是将其作为程序暂存到计算机的存储器中。在执行计算任务时，CPU从存储器中取出数据和指令，按编好的程序对存储器中的数据进行相关计算操作，并将计算结果返回到存储器，最后将计算结果输出到输出设备上。

 电子计算机的问世，最重要的奠基人是英国科学家艾兰·图灵和美籍匈牙利科学家约翰·冯·诺依曼。图灵的贡献是建立了图灵机的理论模型，奠定了人工智能的基础。冯·诺依曼则是首先提出了计算机体系结构的设想。

半个多世纪以来，计算机制造技术发生了巨大变化，"冯·诺依曼体系结构"仍然沿用至今，人们总是把冯·诺依曼称为"计算机鼻祖"。

"冯·诺依曼体系结构"中，将计算机规划为五大功能部件，即输入设备、存储器、控制器、运算器和输出设备，如图1-10所示，其工作过程分为四步。

第一步：将程序和数据通过输入设备送入存储器（例如，要计算"1+1"的结果，就将这些数据通过输入设备送入存储器，相当于在计算器上输入"1+1"的操作）。

第二步：输入完毕后，单击"="按钮开始计算，计算机从存储器中取出程序指令（这里为"+"），送到控制器去识别，分析该指令所要做的事情。

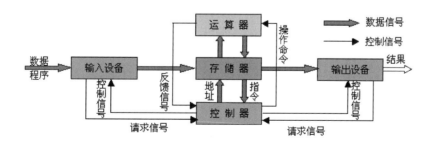

图1-10　计算机的基本工作原理

第三步：控制器根据指令的含义发出相应的操作命令，将存储器中存放的操作数据一同取出（输入的两个1）并送往运算器进行运算，最后把运算结果送回存储器指定的单元中。

第四步：完成运算任务后（得出结果为2），控制器再将计算结果取出，显示到输出设备上（如各种显示屏），就可以看到计算结果了。

提示　计算机实际上就是从开始计算1+1这样简单的数学计算开始，再到减法、乘法、除法等运算，然后慢慢发展起来的。

就像燕子筑巢一样，而且更加烦琐。最终实现了这样庞大而精彩绝伦的工程，不得不感叹，这是运用全人类的智慧创造的伟大奇迹。

1.2.2　计算机硬件系统

计算机硬件是指有形的物理设备，是看得见、摸得着的。按照上节介绍的"冯·诺依曼体系结构"，计算机的硬件可归类为输入设备、输出设备、存储器、运算器和控制器五大类设备。

在现代计算机中，输入设备主要是指键盘和鼠标；输出设备主要为显示器、打印机、音箱等；存储器主要包括内存、硬盘、U盘等；运算器和控制器则主要是CPU。实际上，显卡、声卡等都有单独的运算和控制单元。

此外，计算机体系还包括下面将要讲到的软件系统。软件是指在硬件上运行的程序和相关的数据及文档等。软件平时存储在硬盘上，在机器运行时才会读入内存，然后按照输入的指令指挥计算机去开展工作。

硬件和软件共同构成了整个计算机系统，如图1-11所示。

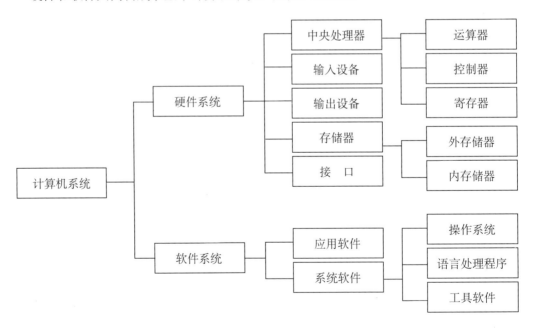

图1-11　计算机系统组成

1.2.3 计算机软件系统

光有硬件，计算机还无法为我们提供快捷的服务，所以必须安装软件系统。首先要为计算机安装操作系统，它可以提供一个良好的交互界面，其次在操作系统中安装应用软件，这可以将计算机的应用拓展到各种领域。

1.操作系统

操作系统，简称OS（Operating System），它可与计算机硬件直接对话，驱动计算机的各种硬件，分配任务并显示结果，是人机交互的接口。

目前使用最广泛的操作系统是微软公司的Windows系统，主流版本是Windows 7，如图1-12所示，其他版本还有Windows 8.1和Windows 10。

此外，可在计算机上使用的常用操作系统还有Linux（如图1-13所示）、UNIX等；可在手机上运行的操作系统有Android（安卓，基于Linux，如图1-14所示）、iOS（苹果，基于UNIX）等。

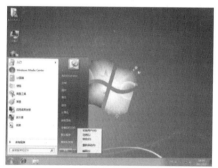

图1-12　Windows 7界面

图1-13　Linux界面

图1-14　Android界面

2.应用软件

应用软件是在操作系统基础上运行的，专门编写，用于某一领域，是实现某一方面功能的专用软件。例如，多媒体播放软件Windows Media Player、文字处理软件Word、图形图像处理软件Adobe Photoshop以及各种杀毒软件、各种游戏等，它们都属于应用软件。

目前，应用软件的种类可谓五花八门，门类众多。实际上，在各个领域中，只要用到计算机，可能就会有一个或几个专用软件诞生。计算机这个工具实在是太强大了，也许人们将来的主要工作就是指挥计算机去实现梦想而已。

1.2.4 计算机指令

计算机指令，顾名思义就是指挥计算机运行的命令。对于计算机CPU来说，机器指令就是连串的二进制码，如"00000001 11011000"。CPU不同，机器指令也可能不同。不同厂商为了优化自己生产的CPU，体现竞争力，都可能为CPU加入不同的指令。

同样，每个CPU为了完成各种功能，都会执行很多的指令，如数据计算类指令（加减乘除等）、数据传送指令、程序控制指令和输入输出指令等。早期，Intel 8086 CPU共有103条指令，后来随着CPU功能的增强，不断有很多扩展的指令被集成到CPU中，CPU

指令不断增加。目前主流的酷睿处理，计算机已拥有1000多条指令。

提示　　需要注意的是，CPU可识别的指令是固化在CPU电路中的，只能被CPU识别和执行，而且不可更改，这与可随意变换的程序有着根本的区别。

可以这样理解，指令就是CPU中预先设置好的一些逻辑。在带电状态下，人们发送一组正确的电平信号（指令），CPU会按照设置好的逻辑来处理这个信号，并返回所需的信号。

此外，还有一个概念——指令集，即一种CPU可以执行的指令集合。比较有名的指令集X86指令集，是从Intel 8086开始使用的指令集。实际上，为了与各种应用软件兼容，AMD早期的CPU也购买和使用了这种指令集。

目前，比较常见的是X64指令集，它向下兼容X86指令集，可以运行X86指令集的应用程序，所以很多的应用软件都可以在64位机和64位操作系统上正常运行。X64指令集是专为64位CPU设计的指令集，所以，有时会将使用此种指令集的计算机称为X64机，而使用X86指令集的计算机则被称为X86机。

提示　　在计算机的发展过程中，为了对CPU的性能进行优化，实际上出现了很多指令集，如精简指令集RISC、用于增强视频功能的SSE指令集等。了解CPU的指令集，对于程序设计者来说非常重要，他们可以通过编写底层代码，调用针对某些指令的封装包，来充分发挥计算机性能，从而开发出更加高效的应用程序。

下面详细介绍计算机指令。计算机指令大部分都由两部分组成，前面一部分为操作码，后面一部分为操作数（通常为数值的地址码）。指令的操作码告诉CPU要执行什么操作，如"加"操作、存取数值等；操作数则指定要操作的数值，或这个数值在内存中的存放位置。

CPU中含有临时存储数据的寄存器，包括用于存储命令的命令寄存器和用于存储临时数据的数据寄存器。不过，CPU中寄存器的容量非常有限，所以，在很多数据操作中，CPU指令都会直接指向内存中要操作的数据的内存地址。

下面以"00000001 11011000"指令为例说明CPU指令的构成。实际上，这个二进制机器码是告诉CPU，要将寄存器AX和寄存器BX中存储的数据内容相加，并将结果存储在AX寄存器中。

其中，指令的前6位"000000"为指令的操作码部分，代表"加"的意思，第7位"0"表示规定了"第2个字节中的头两位及后三位为目的操作数的寻址方式，其余三位为源操作数的寻址方式"，第8位"1"表示字运算。

第二个字节中的头两位"11"及后三位"000"表示第一个操作数为寄存器AX，其余三位"011"则表示另一个操作数为寄存器BX，这就是机器指令和其意义。

图1-15所示为计算机指令的运行过程，具体说明如下。

在CPU开始执行指令（也可能是一系列指令）前，首先要将第一条程序在内存中的地址放入程序计数器（PC）中，然后计数器自动从指定的内存地址处取出指令并放入指令寄存器，接着指令译码器对寄存器中的指令进行分析后，发出一系列控制信号给运算器，CPU再根据指令要求对指定内存地址处的数据进行相关操作。

完成上述操作后，程序计数器加1，开始执行下一条操作的流程，这样直到整个程序执行完毕。

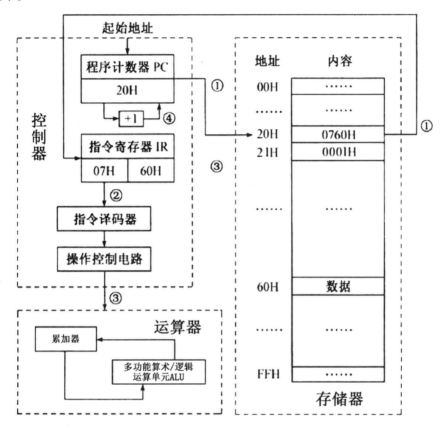

图1-15　计算机指令的执行过程

需要注意的是，一条计算机指令的长度（通常称为指令"字长"），可能是1个字节，也可能是半个字节（4位），或是多个字节（通常为字节的整数倍），不同指令集有所不同。也有指令集会规定所有指令的字长相同，不过目前的计算机CPU指令的字长通常都在16位到64位之间。

1.2.5　程序设计语言

什么是程序呢？可以这样理解，为了实现某个用途，多条指令顺序执行，即可称为程序。

机器，实际上是一个"死"的东西，CPU虽然固化了很多可以执行的指令，但是，需要使用程序对其进行统一安排和规划，然后才能实现完成需要的某项工作；否则，使用没有程序支持的计算机，效率同样低下。

通过上一节的学习，我们知道了机器语言无非是一些二进制的编码（0、1的组合），既难记又难懂。为此，就发明了汇编语言。汇编语言是机器语言的文字描述，例如前面提及的"00000001 11011000"命令，用汇编语言就可描述为"ADD AX，BX"，这样就好记多了。

汇编语言仍然属于面向机器的语言，因为在使用汇编语言编写程序时，同样需要考虑计算机的一些底层硬件配置，需要直接使用代码化的机器语言来对CPU发送指令。汇编语言编写完成后，需要将代码编译为CPU能够识别的机器语言，然后才能在计算机上运行。而机器语言也可以反编译为汇编语言，有时候，这会是解决一些问题的途径。

掌握汇编语言的好处是能够更好地理解计算机的架构和运行原理，并编写出效率更加高效的可执行程序。

但是汇编语言毕竟是面向机器的，在编写过程中需要记录和使用大量的汇编命令，且需要对计算机"精确指挥到位"，保证所编写程序的顺利执行。这无疑是不方便的，影响编程效率的，为此，人们又发明了高级程序设计语言。

高级程序设计语言在编写时可以无需考虑计算机的资源配置，更无需考虑CPU能执行哪个指令，而只需用语句形式的"命令"来告诉计算机，在遇到什么情况时执行怎样的操作即可。

例如，人们使用C语言编写程序编写"单击某一按钮，弹出一个对话框"。这对于机器语言和汇编语言来说，是一个复杂的操作，既要为窗口分配内存地址，还需要设置窗口的显示样式等，而在C语言中，仅需要使用已有的模板，创建相应窗口即可。

如图1-16所示，可以看出，同样为"1+1"操作，使用机器语言、汇编语言和高级程序设计语言的区别。

10111000 00000001 00000000	MOV AX, 1	```#include <stdio.h>```
		```int main(void)```
		```{```

		``` printf("%d\n", 1+1);``` ``` return 0;```
00000101 00000001 00000000	ADD AX, 1	```}```

图1-16　从左到右依次为机器语言、汇编语言和C语言

高级语言的种类很多，有C语言、Basic语言、Java语言等，此外还有很多网页编写语言（如PHP等），它们都属于高级语言。实际上，高级程序设计语言是对机器语言的封装（它们也是用汇编语言编写出来的），即将一些常用的工作模块化。在C语言中，称其为类，类中有函数，可以实现人们想要的功能。比如，使用窗口类可根据需要实现窗口的显示，使用打印类可控制打印输出等。

高级语言在编写完成后，同样需要编译为机器语言，这样才能被计算机识别执行。但与汇编语言不同，高级语言在被编译为机器语言后，是无法逆向反编译的。

1.2.6 计算机的性能指标

决定计算机主要性能的技术指标有如下几种。

1. 主频

主频即时钟频率，是指CPU在单位时间（秒）内发出的脉冲数。主频的单位是兆赫兹（MHz），它在很大程度上决定了计算机的运行速度。

对计算机指令来说，同为X86架构，如果执行一条指令都需要5个指令周期，那么时钟频率高的CPU自然会更快地完成操作。

目前CPU的主频多在3.0GHz左右，更高的能够达到4.0GHz。CPU主频的提高，需要更高的集成度，所以常会面临技术瓶颈。

2. 核心数

使用多个核心并行处理任务，可以有效提高工作效率。由于主频提高面临瓶颈，所以目前CPU多向多核心发展，如2核、3核，直至16核等。

 提示　　需要注意的是，主频和核心数并不能完全决定CPU的运算速度（虽然是重要的参考），这是因为在CPU内部结构中，各种电路的安排、一些优化技术、三级缓存的大小等因素同样重要。

3. CPU制造工艺

CPU制造工艺的好坏直接关系着CPU的稳定性和发热量。目前，CPU的主要工艺指标为集成度。集成度越高，在相同频率下的发热量就越小。早期的CPU多为90nm，后来发展到65nm、45nm、32nm、22nm，目前最高的是7nm。

4. 字长

计算机所能处理的二进制位数被称为机器字长，它决定了计算机的运算精度。一般情况下，字长越长，计算机一次处理的信息位就越多，计算精度就越高，其处理能力也就越强。

字长决定了指令直接寻址的能力。例如，32位字长的主机只支持4GB的内存，再大的内存就面临寻址瓶颈了。64位机在理论上可支持16TB的内存。

目前的主流计算机基本都是64位机。

5. 内存容量和速度

内存的好坏也是计算机性能的重要指标。内存频率越高，存取速度越快。目前计算机的工作频率可达到1 600MHz或更高。

内存越大，可同时开启的程序也就更多，切换程序的速度也就更快。目前很多计算机的内存都支持8GB，甚至是到32GB。

6. 外部存储器读写速度

如果内存不够大，那么计算机会将很多数据暂存在外部存储器——硬盘上，而且开机时是一定需要读写硬盘的，所以硬盘的性能同样关系着计算机的性能。

传统的机械硬盘存在技术瓶颈，再想提高其读写速度已经很难了，所以SSD固态硬盘逐渐崭露头角。随着PCI-E4.0通道的到来，SSD的最快速度已接近5000Mb/s而普通机械硬盘的读写速度通常都达不到100Mb/s。但由于固态硬盘价格昂贵，所以目前尚未普及。

1.3 计算机的硬件组成

计算机硬件主要由主板、中央处理器、存储器、接口，以及输入和输出设备等组成。随着集成度的提高，对于一些一体机而言，这些硬件的界限可能并不是很清晰，但主流计算机的硬件系统依然是这样的组成。本节将介绍这些设备。

1.3.1 主板

主板又称母板，如图1-17所示，它是机箱中面积最大的组件，相当于一个连接中心，其他组件几乎都要与它相连，或插在它的插槽中。

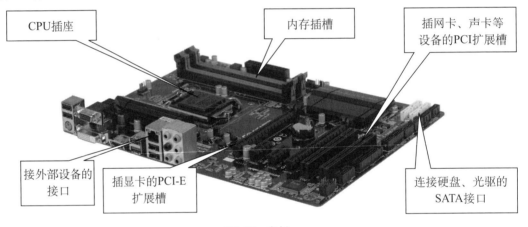

图1-17　主板

主板是计算机主机中最重要的组件之一，它在一台计算机中扮演着躯干和中枢神经的角色，它的性能直接决定着计算机的性能优劣。

为了"联络"插在主板上的各种设备，主板上通常有两个起着核心作用的处理芯片，一个称为南桥芯片，另一个称为北桥芯片。其中，南桥芯片主要负责处理输入输出设备（如硬盘、光盘、USB设备、局域网通信）与北桥芯片间的通信；北桥芯片则主要负责处理CPU、内存和显卡三者间的数据传输。此外，现在很多主板都集成有显卡、声卡、网卡功能，所以主板上还可能具有显卡芯片、声卡芯片和网卡芯片。

 提示　现在有一些主板将原来的北桥芯片（或其部分功能）集成到了CPU里面，所以有的主板上只有南桥芯片，没有北桥芯片。

1.3.2 中央处理器

中央处理器，英文名字为Central Processing Unit，简称CPU。CPU是计算机的指挥中心，负责整个系统的协调、控制、数据计算以及程序运行。CPU的规格基本决定了计算机的档次。

目前微机系统的CPU主要被Intel公司和AMD公司所垄断：Intel公司的主流产品是Core（酷睿）I7系列，AMD公司的主流产品是Bulldozer（推土机）FX系列，如图1-18所示。

目前，CPU的主频多在3.0GHz左右，核心数有单核、双核、三核、四核、六核和八核等之分。其中，主频越高，说明CPU的性能越好、速度越快，而核心数的多少并不会造成主频的提高，但多核心的CPU可以并行处理任务，所以只要软件对多核做了优化，同样可以提高运行速度。

图1-18　Intel 酷睿I7 CPU（左）和AMD FX CPU（右）

提示　我国自行开发的龙芯（如龙芯3B 1500）采用8核心，主频在1.3GHz～1.5GHz之间，不过由于性能差异等各方面原因，目前龙芯尚未得到广泛应用。

此外，当前CPU的主频提高遇到了技术瓶颈（如高发热量、电磁干扰等），多年来都在2.5GHz～3.5GHz左右徘徊，所以大多都向多核发展。不过多核也不可能永远集成下去，所以将来的计算机很有可能是多CPU的。

1.3.3 存储器

计算机上使用的内部存储器主要是指内存，而外部存储器则包括硬盘、光驱、早期的软驱（已经被淘汰了）、U盘等。

内存也称主存储器或主存，如图1-19所示，主要用于临时存储程序和数据，关机后数据就会消失。通常，计算机在执行各种程序时会先要把程序与数据从硬盘调入内存，然后再去执行相应的操作，这样操作速度较快。

目前的主流内存为DDR4内存（之前的内存版本有DDR1、DDR2、DDR3等），其主频多在1 333MHz到3 000MHz之间（主流内存多为1 600MHz）。内存频率越高，计算机读写得越快，所以它会影响计算机的性能。但高主频的内存需要主板的支持。

硬盘是重要的、可重复擦写的、可永久保存数据的外部存储器，如图1-20所示。硬盘主要用于存储程序与文档，如操作系统和应用软件、图形图像文件、电视影片等。

硬盘的主要性能指标有容量、转速和读写速度等。目前主流硬盘的容量多在1TB（1 024GB）左右，转速为7 200转（笔记本多为5 200转），读写多在100MB/s左右。读的速度多比写的速度要快一些。此外，目前硬盘的主流结构都是SATA接口，早期的IDE接口已经逐渐被淘汰。

图1-19 内存　　　　　　　　　　　　　　　图1-20 硬盘

提示　　　最新出现了一种不需要磁盘的新品种硬盘，即固态硬盘（SSD）。这种硬盘具有读取速度快（最快速度可达到3000MB/s）、无噪音的特点，可能是未来硬盘发展的主要方向，但因其价格昂贵，目前尚未普及。

另外还有一些其他外部存储器：光驱（如图1-21所示）较为常见，可用于读写光盘、安装操作系统等，是很多台式机的标准配件。U盘（如图1-22所示）因其容量大、支持热插拔等特点，目前已完全取代了早期的软驱。此外，还有各种外部插卡，如SD卡、TF卡（如图1-23所示）等，它们与U盘的介质是一样的，只是体积更小一些。

图1-21 光驱　　　　　　　图1-22 U盘　　　　　　图1-23 SD卡（左）和TF卡（右）

1.3.4　总线和接口

将计算机各种设备连在一起的线路称为总线。总线是计算机各种功能部件之间传送信息的公共通信干线，所以总线频率越高越好。

总线分为系统总线和前端总线。系统总线是CPU与主板之间数据交换的总线，系统总线的速率被称为外频（目前主流CPU的外频为100MHz）。前端总线是CPU与内存之间数据交换的通道，它的运行速度被称为前端总线频率（通常为外频的整数倍，如10倍等）。

查看主板侧面，会发现有很多的接口，如图1-24所示。这些接口都是重要的输入输出通道，用于接收命令、反馈信息、复制文件等。

● USB接口：它支持热插拔，是重要的输入输出接口，可用于插接U盘，连接键盘、鼠标、打印机、扫描仪和摄像头等多种设备。目前主流的USB接口是USB 3.0（能达到5.0Gb/s），不过大多数主板也集成有USB 2.0接口（能达到480Mb/s）。USB接口具有向下兼容的特性，USB 2.0的设备可以插在USB 3.0接口上使用，但只是以2.0的速度运行。

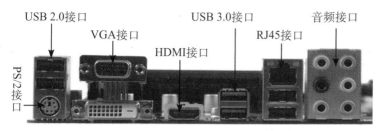
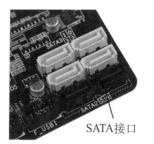

图1-24 计算机上的接口

- PS/2键鼠通用接口：用于插接老式鼠标或者键盘。PS/2接口不支持热插拔，其很多功能都被USB接口取代，使用量已越来越少。
- VGA接口：它是使用VGA线传输模拟信号给显示器的接口。由于液晶显示器的普及（液晶显示器本身使用的就是数字信号），计算机在输出模拟显示信号时，需要将数字信号转换为模拟信号，而液晶显示器收到模拟信号后，还需要将模拟信号再转为数字信号，所以这样既使传输信号失真，又降低了效率。因此，新型的显示器已使用DVI数字接口来传输数据。DVI数字接口就是直接输出数字视频信号的接口。
- HDMI接口：即高清晰度多媒体接口，也是一种数字接口，它与DVI的不同在于除了传输视频信号之外，还可以传输音频信号，是DVI的一种升级接口。
- RJ45网络接口：用于插接网线，组建局域网或连接因特网（速度多为千兆）。
- 音频接口：通常为3个，草绿色的是音频输出端口，用于接音箱；粉红色的是麦克风接口；蓝色的是音频输入接口，用于输入音频。

提示

音频输入接口和麦克风接口的主要区别在于，音频输入的是双声道信号，而麦克风接口只能输入单声道信号。音频输入接口主要用于将MP3、手机等设备通过双头音频线与计算机连接，然后将其播放的声音，通过计算机音箱播放出来。

- SATA接口：即高速串行数据接口（相对于早期的IDE并行接口），多位于主板的左下角位置处，主要用于连接硬盘和光驱。SATA接口有SATA、SATAⅡ和SATAⅢ之分，目前的主流是SATAⅢ。

1.3.5 输入/输出设备

计算机的主要输入设备有键盘和鼠标，如图1-25所示。这里不做过多介绍。主要输出设备是显示器。早期的显示器多是CRT的，当前的主流显示器是LED液晶显示器，如图1-26所示。此外，常见的输入设备还有扫描仪、数码相机等，输出设备还有打印机等。

图1-25　无线键盘和鼠标

图1-26　液晶显示器

提示　　计算机的硬件还有机箱和电源等。机箱就是一个金属框架，其上有开关机按钮、硬盘指示灯等，并提供连接线与主板相连。计算机电源对于计算机来说也是比较重要的，它的主要指标是额定功率。目前4核、8核的计算机，通常需要500w以上额定功率的电源作为支撑，才能保证它的正常运行。

1.4　信息在计算机中的表示与存储

本节主要介绍数据在计算机上的表达方式、进位计数制的基本概念、不同数制的转换方法以及计算机的常用编码形式等内容。

1.4.1　进位计数制

在日常生活中，通常用十进制来表示数值。但是，由于计算机的特殊性，它只能识别0和1，因此在计算机中通行的是二进制。

什么是进位计数制呢？简单地讲，就是规定在高位处的数字代表多少个紧邻低位数数值个数的计数方法，当低位数满了时，要向前进位（如逢十进一）。

日常生活中，有很多使用不同进制的实例，例如，一年有四季（四进制）、每年有12个月、每天有12个小时（12进制），60秒为1分钟，60分钟为1小时（60进制）等。采用什么样的计数制完全取决于人们的实际需要。

十进制以下，较容易理解，这里不做过多讲述。由于在计算机中，机器语言使用二进制来表示数值，而汇编语言使用16进制来表示数值，所以这里着重介绍这两种进制数的表示方法。

二进制数就是只用0和1两个数字来表示数值的方式，例如，"0001"表示十进制的1（$2^0=1$），"0010"表示十进制的2（$2^1=2$），而"0011"表示十进制的3（$2^0+2^1=3$）。

十六进制数使用了0、1、2、3、4、5、6、7、8、9和A、B、C、D、E、F十六个数码，基数是16，例如，"20"表示十进制的32（$2×16^1=32$）。

1.4.2 常用计数制之间的转换

下面介绍不同数制间的转换方法。

1. r进制数转换成十进制数

r进制数转换成十进制数的方法比较简单，只需要按权展开即可。下面以二进制数和十六进制数转换成十进制数为例，说明其转换过程。

例如：把二进制数"1001101"和十六进制数"6A"转换成十进制数。

$$(1001101)_2 = 1 \times 2^6 + 0 \times 2^5 + 0 \times 2^4 + 1 \times 2^3 + 1 \times 2^2 + 0 \times 2^1 + 1 \times 2^0$$

$$= 64 + 0 + 0 + 8 + 4 + 0 + 1$$

$$= 77$$

即 $(1101101)_2 = (77)_{10}$

$$(6A)_{16} = 6 \times 16^1 + 10 \times 16^0$$

$$= 96 + 10$$

$$= 106$$

即 $(6A)_{16} = (106)_{10}$

2. 十进制数转换成r进制数

要将十进制数转换成r进制数，则要分别对整数部分和小数部分进行转换。下面先看一下整数部分的转换。

整数部分的转换通常采用"除r取余法"。例如，为了把十进制数转换成相应的r进制数，只要把十进制数不断除以r（r=2、8、16或其他数值），并记下每次所得余数，按所有得到的余数的相反次序连接起来即为相应的r进制数。

例如：将十进制数153转换成二进制数、八进制数和十六进制数的方法如下。

```
        余数                余数                    余数
2 │153 .........1      8 │153 ......1       16 │153 ......9
2 │ 76 .........0      8 │ 19 ......2       16 │  9 ......9
2 │ 38 .........0      8 │  3 ......3             0
2 │ 19 .........1
2 │  9 .........1
2 │  4 .........0
2 │  2 .........0
    1 .........1
```

然后按由下到上的方向，把右侧的余数从低位到高位排列，便可得到这个十进制数所对应的二进制数、八进制数和十六进制数。

即　$(153)_{10} = (10011001)_2$ 　　　或153D=10011001B

$(153)_{10} = (321)_8$ 　　　或153D=321Q

$(153)_{10} = (A3)_{16}$ 　　　或153D=A3H

下面看一下十进制数转换成r进制数时小数部分的转换。

小数部分的转换采用"乘r取整法"，即：将十进制小数不断乘以r并按先后次序取其整数部分，然后将取得的整数结果正序排列即可。

例如：将十进制数0.5625转换成二进制数小数、八进制小数和十六进制小数。

$$
\begin{array}{r}
0.5625 \\
\times\quad 2 \\
\hline
1.1250 \\
\times\quad 2 \\
\hline
0.2500 \\
\times\quad 2 \\
\hline
0.5000 \\
\times\quad 2 \\
\hline
1.0000
\end{array}
\qquad
\begin{array}{r}
0.5625 \\
\times\quad 8 \\
\hline
4.5000 \\
\times\quad 8 \\
\hline
6.0000
\end{array}
\qquad
\begin{array}{r}
0.6125 \\
\times\quad 16 \\
\hline
9.0000
\end{array}
$$

当小数部分不为"0"时，再继续乘以进制数直到小数全为零。按从上至下顺序依次取出其整数部分，然后按从高位到低位排列，即可得到转换结果。

即 $(0.5625)_{10} = (0.1001)_2$

$(0.5625)_{10} = (0.46)_8$

$(0.5625)_{10} = (0.9)_{16}$

3. 非十进制之间的转换

通常，两个非十进制数之间的转换方法是采用上述两种方法的组合，即先将被转换数转换成相应的十进制数，然后再将十进制数转换成其他进制数。由于二进制、八进制、十六进制之间存在着特殊的关系，即$2^3 = 8^1$、$16^1 = 2^4$，因此转换方法比较容易，如表1-1所示。

表1-1　二进制、八进制和十六进制数值对应表

二进制	八进制	二进制	十六进制	二进制	十六进制
000	0	0000	0	1000	8
001	1	0001	1	1001	9
010	2	0010	2	1010	A
011	3	0011	3	1011	B
100	4	0100	4	1100	C
101	5	0101	5	1101	D
110	6	0110	6	1110	E
111	7	0111	7	1111	F

 ## 1.4.3　计算机中的常用编码

虽然使用二进制数解决了计算机存储和计算数值的问题，但是计算机不能只是保存

数字，还需要用其保存、识别和处理文字等。因此，就需要为常用文字和符号等进行提前编码。

例如，使用二进制的"01100001"来表示小写的a字符，即当敲击键盘上的A键时，实际上计算机中存储的是01100001，当计算机读取到寄存器中这个数值时，也会知道这个数字就是代表a。这就是计算机编码的由来。

1. ASCII码

最早的而且目前仍然在使用的编码为ASCII码，它使用7位二进制数来表示所有的大写和小写字母、数字0到9、标点符号以及在美式英语中使用的特殊控制字符（共128个）。扩展ASCII码则用到了第8位，用于表达特殊符号字符、外来语字母和图形符号（也是128个）。

2. 汉字编码

汉字的常用编码是GB2312码，它用两个字节（16位）来表示所有简体汉字（6 763个）以及英文、阿拉伯数字、符号等（共682个），总共7 445个字符。

汉字编码有一张国标码表，简单地说，就是把7 445个国标码放置在一个94行×94列的阵列中。阵列的每一行称为一个汉字的"区"，用区号表示；每一列称为一个汉字的"位"，用位号表示。这样，一个汉字在表中的位置可用它所在的区号和位号来确定。一个汉字的区号和位号的组合就是该汉字的"区位码"。

区位码的形式是：高两位为区号，低两位为位号。例如，"中"字的区位码是5448，即54区48位。

3. BCD码

人们习惯使用十进制数，为了使计算机能识别、存储十进制数，并能直接用十进制数形式进行运算，就需要对十进制数进行编码。将十进制数表示为二进制编码的形式，称为十进制数的二进制编码，简称BCD码。

 提示　与ASCII码中的数字不同，BCD数字码是用于计算的。

一个十进制数有0～9十个数字字符，需要用4位二进制数才足以区分十个不同的数字。4位二进制数可以组合成十六个不同的码，原则上，可以从这十六个码中任意选十个来表示上述数字符号，但实际上只有少数几种方案被采用。最常用的是8421码，它从4位二进制码中按计数顺序选取从0000开始的前十个码分别表示数字符号0～9，如表1-2所示。

 提示　十进制数的BCD码很容易转换成ASCII码，只需在BCD码前补上相应的高4位（连同奇偶校验位）即可。

表1-2　8421编码表

十进制	8421码	十进制	8421码
0	0000	5	0101
1	0001	6	0110
2	0010	7	0111
3	0011	8	1000
4	0100	9	1001

4. 奇偶检验码

信息的正确性对于计算机工作有着极其重要的意义，但是在信息的存储与传送过程中受到各种干扰，信息难免发生错误。因此，希望在传送数据时能进行某种校验，以判断是否发生错误，以能够对错误数据及时进行纠正。

奇偶检验码是一种最简单最常用的校验方法。校验方法可以是奇校验，也可以是偶校验。奇校验时约定的编码规律是使一个校验码（包括有效信息可校验位）中所有"1"的个数为奇数，有效信息部分"1"的个数可能为奇数也可能为偶数，但只要配上一个为0或为1的校验位，便可使整个校验码满足所有为1的位数之和是奇数的要求。偶校验则要求所有为"1"的个数之和为偶数。

1.4.4　信息在计算机中的存储

信息在计算机中是如何存储的？在计算机中又是如何使用二进制数据来存储文本、声音、视频和图像等信息的？本节将介绍这些内容。

1. 计算机中信息表示单位

（1）比特和字节

在计算机中任何信息都是通过转化为一个或多个二进制位来表示的。二进制位是计算机表示信息的基本单位，称为比特（bit），简称b。一个比特能够表示的仅仅是0或1两个数字，但计算机存储所能够区分的最小单位并不是比特，而是字节（Byte），简称B。每个字节规定为8个比特。

（2）存储容量

存储容量是指存储器中最多可存放二进制数据的总和。为方便描述，存储容量通常用"KB、MB、GB、TB"来表示，其中$1\,024=2^{10}$。它们之间的关系是：

$1\,KB = 1\,024\,B = 2^{10}\,B$

$1\,MB = 1\,024\,KB = 2^{20}\,B$

$1\,GB = 1\,024\,MB = 2^{30}\,B$

$1\,TB = 1\,024\,GB = 2^{40}\,B$

（3）字与字长

在计算机中，作为一个整体参与运算、处理和传送的一串二进制数称为一个"字"，组成"字"的二进制数的位数称为"字长"，字长等于通用寄存器的位数。通常所说的CPU位数就是CPU的字长，也就是CPU中通用寄存器的位数。例如，32位CPU是指CPU的字长为32。

2. 二进制的存储

在硬盘中，在磁盘片上以不同的极性来表示0和1。读取时，在磁头的作用下，可以很快地将这种极性转换成电脉冲信号，以供CPU识别，如果通过磁头影响磁盘片上磁颗粒的不同状态，即可实现擦除或写入数据的目的。

光盘上数据的存储是通过激光头在光盘盘面上烧灼，形成凹陷的点（可读作1或0）。在读盘时，可通过判断凹点处反光和没有凹点处反光的不同，还原数据。

3. 数字和文本的存储

前面介绍了ASCII和GB2312码等，这些编码解决了在计算机中存储数字和文本的问题，此处不再赘述。

4. 图像的数字化储存

要将图像数字化并进行存储，其解决方法是把一幅图像看作是纵横分割的许多图像像素的组合（如图1-27所示，在画图软件中将任何图像无限放大，都会见到图像的纵横分割像素点），然后使用像素点（单字节或多字节的值）来设置每个元素点的颜色值，即可实现图像的数字化。

对于图像而言，图像分辨率用于表示横竖向分割线的个数，例如，800×600分辨率、1 024×800分辨率。图片的色彩深度则用于表示图像颜色位数的多少，例如，常见的有32位真彩色视图、16位的高彩色视图以及8位灰度图像、1位黑白图像等。

提示　如何判断某个文件是不是图像呢？操作系统是通过文件后缀来判断的，例如，bmp后缀表示这是一个bmp格式的图像。要打开这个图像时，应用软件会将此文件在磁盘上的存储数据读取出来，并根据事先的约定，在固定的位置将数值还原为颜色，这样就可以看到保存的图片了。

5. 声音的数字化存储

声音数字化存储是对声音进行取样，然后对取样值进行量化，再保存为二进制数的过程，如图1-28所示。

声音的采样频率越高，声音衔接越好，播放出来的质量就越好。例如，在压缩MP3时，会见到11.025kHz、22.05kHz和44.1kHz等，它们表示的就是采样频率。

在对声音的采样值进行量化时，有一个保存位数的问题，如8位和16位。这个位数是指描述每个采样点二进制位数的多少，位数越多，声音质量越好。

图1-27 图像放大后显示的像素

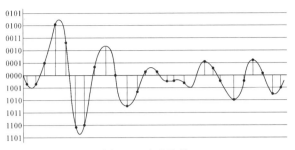

图1-28 声音取样

此外，声音还有声道数指标（又称为声音通道的个数），是指一次采样同时记录的声音波形的个数。声道越多，声音播放时立体感越强，同时此声音文件的体积也会越大。

6. 视频的数字化存储

大家都知道，连续播放静态的、渐变的图像即可见到动画效果（即视频）。所以视频的数字化可以按照一定的频率，对模拟视频信号进行采样，生成每一帧图像按照保存图片的方法保存每一帧图像，即可实现视频的数字化。

最低可视帧频不能少于10~12fps（通常默认为24fps）。帧率越高，视频越流畅，视频的分辨率越高，视频画面就越清晰。

本章小结

本章主要介绍了计算机的基础知识，包括计算机的基本工作原理、主要结构组成、硬件和软件系统等。本章是学习计算机应用的理论基础，读者应能从中领会其概要，以便为后面的学习打下基础。

习题

一、填空题

（1）计算机主要具有_____、_____、_____、自动控制能力的特点。

（2）第一代计算机的主要特点是采用_____作为运算和逻辑元件。

（3）按照计算机的综合性能指标来划分，计算机可分为_____、_____、_____、_____和_____五种计算机。

（4）计算机是由_____和_____两大部分组成的。

（5）按照"冯·诺依曼体系结构"，计算机硬件可归类为_____、_____、_____、_____以及输入和输出设备等。

（6）中央处理器也被称为_____。

（7）目前微机系统的CPU，主要由Intel公司和AMD公司垄断，Intel公司的主流产品是_____系列，AMD公司的主流产品是_____系列。

（8）目前硬盘的主流结构都是_____接口，早期的IDE接口已经逐渐被淘汰。

（9）_____接口支持热插拔，是重要的输入输出接口，可用于插U盘、连接键盘、鼠标、打印机、扫描仪和摄像头等多种设备。

二、问答题

（1）我们现在使用的计算机是第几代计算机，它有什么特点？

（2）简述什么是工作站类计算机，它与微机的区别有哪些？

（3）尝试列举计算机的主要应用。

（4）简述什么是HDMI接口，它与DVI接口有什么不同？

（5）什么是二进制数？请将二进制"10011101"转换为十进制，并写下计算过程。

第2章

中文Windows 7 操作系统

本章导读▲

　　Windows是目前使用较为广泛的图形用户界面操作系统。本章旨在帮助学生认识Windows的基本操作，感受Windows的操作特点，学会Windows的基本使用方法，为以后的学习打下基础。

本章要点

- Windows 7基础
- Windows 7的基本概念与操作
- 文件管理
- 程序管理
- 控制面板
- Windows 7磁盘管理
- Windows 7附件程序

学习目标

操作系统是计算机系统最关键、最核心的软件系统，它负责计算机全部软硬件资源的分配和调度工作，并为用户提供友好的交互界面，使用户能容易地实现对计算机的各种操作。Windows7版本是目前使用较为广泛的Windows版本之一，也是微软操作系统家族中比较完善和成熟的操作系统，本章我们就来认识它吧！

2.1 Windows 7基础

本节首先介绍什么是Windows 7操作系统，以及启动、退出和注销此系统的方法。如果将操作系统看作是计算机硬件和计算机应用软件之间的一个"桥梁"，那么本节就带领大家通往这座桥梁。

2.1.1 Windows 7简介

通过前面的学习，了解到Windows是微软公司开发的一套操作系统。它的主要特点是采用图形化界面，操作人性化，不像DOS系统那样，总是需要输入难记的命令。这使得计算机操作变得愈加简单，因而得到了广泛的应用。

Windows操作系统是目前使用最广泛的操作系统，第一个版本是Windows 1.0，在1985年发布，当时未得到广泛应用。1990年，微软公司发布了Windows 3.0，由于其在界面和内存管理方面性能优越，逐渐被用户所接受。之后，微软公司又继续推出了Windows 95、Windows 98、Windows Me、Windows 2000等版本，其中，Windows 98版本应用较广，曾经风靡一时。

2001年，微软公司发行了为人熟知的Windows XP操作系统，它性能稳定（不像

Windows 98那样经常死机)、安全性强（有防火墙）、界面靓丽、操作简单实用，所以得到了用户的极大认可。据统计，2007年时有76%的用户都在使用这个操作系统。直到2012年，它的使用率才被Windows 7操作系统所超越。

Windows XP操作系统成为很多80后和90后的回忆，自2001年8月发布以来，一时风靡电脑系统的市场。后来，因为Windows XP的安全性存在较大的问题，容易被攻击，所以，在2014年，微软公司就宣布不再对Windows XP提供后续的升级和支持。各种大型应用软件及新设备的驱动程序等也都不再对Windows XP提供支持，过渡到新一代的操作系统已是必然的趋势。

2009年，微软发布了Windows 7操作系统，与Windows XP操作系统相比，它更加简单易用。例如，网络连接和共享等功能无需了解很多知识，即可完成相关的配置操作；与VISTA操作系统相比，其占用资源和存储空间都较少，且Windows 7可对大多数新设备提供良好的支持，而大多数应用软件和游戏等也都可在这个平台上运行。目前，它已成为使用人数较多的操作系统之一。

2.1.2　Windows 7的启动、退出和注销

在 Windows 7 操作系统安装完成后，如果在安装过程中未设置用户名和密码，那么开机后将直接进入Windows 7的操作界面，如图2-1所示。如果在安装过程中设置了用户名和安全密码，则先要在登录界面中选择用户并输入密码后才能进入Windows 7操作界面，如图2-2所示。

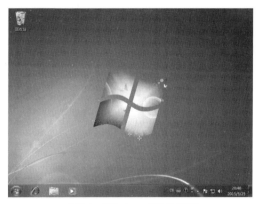
图2-1　Windows 7操作界面

图2-2　Windows 7登录界面

如需关闭计算机，可单击左下角的"开始"按钮，并在打开的面板中单击"关机"按钮即可，如图2-3所示。如需注销用户，可单击"开始"按钮，并在打开的面板中单击"关机"按钮右侧的箭头，在弹出的菜单中执行"注销"命令即可，如图2-4所示。

注销的作用是退出当前用户环境，返回到登录界面，并在其中选择其他用户重新登录。如果已创建了两个用户，即准备有两个人使用此计算机，那么将看到多用户登录操作界面，如图2-5所示。

"切换用户"的作用是不注销当前用户环境，而直接进入登录界面，准备登录另外一个用户环境，如图2-6所示，此时，在未注销的用户上会显示"已登录"文字。

"睡眠"的作用是令计算机暂时处于睡眠状态，此时系统会先将当前内存里的数据全部保存到硬盘上（但内存里的数据并不清除），然后切断除内存外所有设备的供电，待用户按键盘任意键或鼠标时，直接从内存恢复数据，从而很快将计算机唤醒到睡眠前的工作状态。如果用户在计算机睡眠后切断电源，那么在重新供电后，重新按计算机"开机"按钮开机，计算机将直接进入原工作状态，只是此时计算机要从硬盘上读取数据，"恢复"的速度相对会较慢。

图2-3　关闭系统

图2-4　注销用户

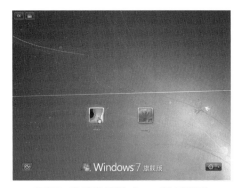

图2-5　注销后的Windows 7登录界面

图2-6　切换用户的Windows 7登录界面

2.2　Windows 7的基本概念与操作

Windows 7中有一些"约定俗成"的规则，比如鼠标左键、鼠标单击或双击等，它们都具有不同的意义和用法。本节将介绍Windows 7的基本概念和基本的操作规则。

2.2.1　鼠标和键盘的使用

鼠标主要有三个按键：左键、右键和滚轮，如图2-7所示。操作时，常用食指操作鼠标左键或操作鼠标滚轮，中指常用于单击鼠标右键，而拇指与无名指及小指则用于握住鼠标并移动，如图2-8所示。此外，也可以令食指对应左键，中指对应滚轮，无名指对应右键，母指和小指握住鼠标移动。

图2-7　鼠标的结构

图2-8　鼠标的握持姿势

鼠标的基本操作有移动、单击、右击、双击、拖动和滚动等。

- 移动鼠标：移动鼠标时屏幕上会有一个光标▶（被称为鼠标光标或鼠标指针）随之移动。该操作用于定位鼠标指针，从而为后续的操作做准备。
- 单击鼠标：单击鼠标就是单击鼠标左键（快速按下鼠标左键后再快速放手），其作用是执行菜单中的命令以开启某个应用程序，或是选中某个文件等。
- 右击鼠标：右击就是单击鼠标右键（按下鼠标右键然后快速放手）。右击鼠标后通常会弹出一个菜单（称为快捷菜单），从中可选择并执行所需的命令。
- 双击鼠标：双击是连续两次单击鼠标左键。该操作在操作系统中常用于打开文件夹或启动程序等。
- 拖动鼠标：拖动鼠标是指按住鼠标左键不放，然后移动鼠标，并在到达某个位置时松开鼠标。拖动鼠标主要用于框选对象等。
- 滚动鼠标：即滚动滚轮。其作用是在编辑文档或浏览网页时实现上下翻动。

下面介绍键盘的使用。键盘是重要的输入工具，使用它可以输入文字、数据等信息，还可以代替鼠标快速执行一些命令。

目前的标准键盘通常有104个键位，有的多一些，加了一些开机键、一键上网键等。按照所提供功能的不同，标准键盘通常可分为5个区域：输入键区、功能键区、特定功能键区、方向键区和数字键区，如图2-9所示。下面逐一介绍键盘上各区域的用途。

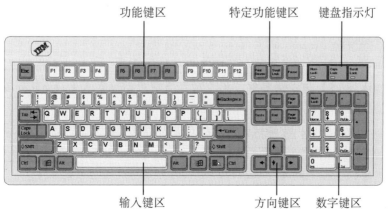

图2-9　键盘的组成

1. 输入键区

输入键区主要用于输入文字与各种命令参数。在这个键区中包括字符键和控制键两大类：字符键主要包括英文字母键、数字键、标点符号键三种，按下它们可以输入相关字符；控制键则主要用于辅助执行某些特定操作。这些按键的具体用途如下所述。

- 【Tab】键：制表键，用于使光标向左或向右移动一个制表的距离。在文字处理软件中主要用于对齐文字、制作表格等。
- 【CapsLock】键：大写锁定键，主要用于控制大小写字母的输入。未按下该键时，按各种字母键将输入小写英文字母；按下该键后，按各种字母键将输入大写英文字母。
- 【Shift】键：上档键，也称换档键，用于与其他字符、字母键组合，输入键面上有两种字符的上档字符。例如，要输入"！"符号时，应在按下【Shift】键的同时按□键。
- 【Ctrl】和【Alt】键：组合控制键。【Ctrl】和【Alt】键单独使用是不起作用的，只有配合其他键一起使用才有意义。例如，在文字处理软件中，按快捷键【Ctrl+A】能够选中当前页面中的所有文本。
- ▢▢▢▢▢▢键：空格键，按该键可以输入空格。
- ▣键：Win键，任何时候按下该键都将弹出"开始"菜单。
- ▣键：快捷键，相当于单击鼠标右键，按下该键将会弹出快捷菜单。
- 【Enter】键：回车键，主要用于输入回车符、换行、执行命令或是接受某种操作结果等。
- 【BackSpace】键：退格键，每按一下该键，光标向左退一格，并同时删除原来位置上的对象。

2. 功能键区

功能键位于键盘的最上方，主要用于完成一些特殊的任务和工作。其具体功能如下所述。

- F1~F12键：这12个功能键，在不同的应用软件中会有各自不同的定义。例如，在大多数软件中，按下F1键都可打开帮助窗口。
- Esc键：该键为取消键，多用于放弃当前的操作（返回原操作界面）。

3. 特定功能键区

- 【Print Screen】键：抓屏键，用于将当前的屏幕界面抓取到剪贴板中。
- 【Scroll Lock】键：锁定键，用于锁定当前光标位置或光标选定区域，锁定后将会无法滚动页面。
- 【Pause Break】键：暂停键，用于终止某些程序的执行。
- 【Insert】键："插入/改写"状态切换键，"插入"状态时新输入的文字不覆盖后面的文字，而在"改写"状态时，输入的文字将覆盖后面的文字。
- 【Home】键：首键，可用于将光标定位到行首或页首等。
- 【End】键：尾键，可用于将光标定位到行尾或页尾等。
- 【Page Up】键：上翻页键，用于显示前一页的信息。

- 【Page Down】键：下翻页键，用于显示后一页的信息。
- 【Delete】键：删除键，用于删除光标右侧的字符。

4. 方向键区

方向键主要用于移动光标，各方向键的具体功能如下。

- ←键：将光标左移一个字符。
- ↓键：将光标下移一行。
- →键：将光标右移一个字符。
- ↑键：将光标上移一行。

5. 数字键区

数字键区位于键盘的右下角，也被称为小键盘区，主要用于快速输入数字。在输入数字时只需右手单手操作即可，所以财会和银行工作人员会经常使用。

- 【Num Lock】键：用于控制数字键区上下档的切换。当按下该键时，NumLock指示灯亮，表示此时可输入数字；再次按下此键，指示灯灭，此时只能使用下档键。
- 【0~9】键，双字符键。当【Num Lock】键打开后，按下双字符键可输入数字。
- 运算符号键：按下这些键可输入相应的符号。
- 【Del】键：当【Num Lock】键打开后，按下该键可输入句号，否则其功能与【Delete】键的功能相同，用于删除右侧字符。
- 【Enter】键：其功能同"输入键区"介绍的回车键。

6. 键盘指示灯

在键盘右上方有三个指示灯，分别为Num Lock、Caps Lock和Scroll Lock；Num Lock和Caps Lock分别表示数字键盘的锁定与大写锁定，Scroll Lock则用于显示是否处于【Scroll Lock】锁定状态。

操作键盘时，应首先将各手指放在【A】、【S】、【D】、【F】、【J】、【K】、【L】和【；】这八个基准键位上，如图2-10所示。基准键位中的【F】键和【J】键称为定位键，在这两个键上各有一个凸起的小横杠，通过这两个小横杆，可在手指脱离键盘后迅速找到基准键位。

图2-10　基准键位

在基准键位的基础上，每个手指都有固定的上下敲击的按键，如图2-11所示。经过一段时间的练习，就可以进行"盲打"了。

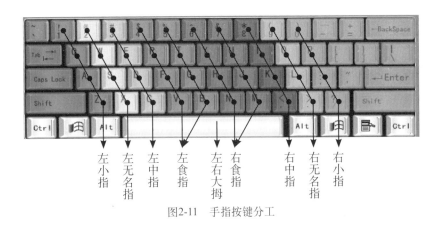

图2-11　手指按键分工

 ### 2.2.2　Windows 7桌面

进入Windows 7系统之后，首先看到的就是Windows 7的桌面。它主要由桌面背景、桌面图标和任务栏三部分组成，如图2-12所示。

桌面图标 ——

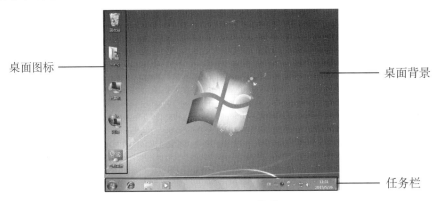

—— 桌面背景

—— 任务栏

图2-12　Windows 7桌面

1. 桌面背景

桌面背景是指Windows 7桌面的背景图案，又称为桌布或者墙纸。用户可以在系统自带的背景主题中选择，也可以将自己喜欢的图片定义为背景（具体操作详见2.5.1节）。

2. 桌面图标

在Windows中，各种程序、文件、文件夹及快捷方式等都是使用图标来表示的。在刚安装的Windows 7操作系统里，其桌面只有"回收站"一个图标。用户可右击桌面空白处，在弹出的快捷菜单中执行"个性化"命令，打开"个性化"设置界面。在该界面中单击"更改桌面图标"按钮，打开"桌面图标设置"对话框，根据需要选择相应的按钮，将"计算机"等图标显示到桌面上，如图2-13所示。

图2-13　设置桌面图标

桌面上通常有四个图标："计算机""回收站""网络"和以所登录的用户名命名的文件夹。其中，双击"计算机"图标，可打开"计算机"窗口，通过它可对计算机硬件资源（如硬盘、光驱、U盘、网络等）等进行管理；"回收站"主要用于存放删除的文件；双击"网络"图标，可访问局域网共享资源；以所登录的用户名命名的文件夹主要用于存放属于每个用户的单独文档。用户可根据需要，自行在桌面上添加其他应用程序的图标。

3.任务栏

任务栏位于桌面的最下方，它主要由"开始"按钮、程序按钮区、系统图标区和"显示桌面"按钮四个部分组成，如图2-14所示。下面介绍各部分的作用。

图2-14　任务栏

- "开始"按钮：单击"开始"按钮，可打开"开始"菜单，如图2-15所示。"开始"菜单是启动程序的捷径通道，通过该菜单可启动系统已安装的应用程序。"开始"菜单由"固定程序"区、"常用程序"区、"所有程序"区、"导航程序"区、"搜索"框和"关机"按钮组成。

提示

　　"开始"菜单的"常用程序"区用于显示最近使用的10个程序，"固定程序"区显示的是常用程序中令其固定显示出来的几个程序（右击某个程序的快捷方式，执行"附到[开始]菜单"命令，将其附加到此处）。
　　将鼠标指针移动到"所有程序"按钮上，可显示"所有程序"区。此列表包含大多数应用程序的快捷方式，找到并单击需要使用的应用程序，即可将其启动。
　　"导航程序"区用于启动一些设置类和资源类的程序，如控制面板、设备和打印机、文档、计算机等，它们都是用于访问某个资源或进入某个功能的快捷方式。
　　如果一时找不到要启动的应用程序菜单项，可以在"搜索"框中输入程序名，进行查找。

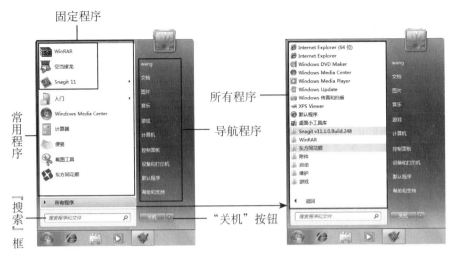

图2-15 "开始"菜单的功能区

- 程序按钮区：程序按钮区包含一组用于启动不同应用程序的图标，可用于切换不同的应用程序。右击程序或程序的快捷方式，执行"锁定到任务栏"命令，即可将其固定到程序按钮区。
- 系统图标区：这里显示有系统时钟、音量图标、网络图标和操作中心等，它们多是一些平时运行在后台，在出现触发事件后才会弹出提示信息的程序，如杀毒软件、QQ程序等。

2.2.3　窗口及其基本操作

启动程序或打开文件夹时，Windows会在屏幕上划定一个矩形的区域，这便是窗口。此外，启动应用程序后，大多也会打开一个窗口，它被称作程序界面。

双击桌面上的"计算机"图标所打开的"计算机"窗口，如图2-16所示。本节以此窗口为例讲述窗口的基本组成元素。

- 标题栏：显示程序或文件夹名称。对于文字处理软件，例如Word，其标题栏会显示当前编辑文档的名称。其右侧有三个按钮，分别用于最小化、最大化和关闭窗口。
- 地址栏：位于标题栏下面，用于显示当前资源的路径等（例如，在IE浏览器中会显示网络地址，也有很多应用程序没有此栏），其左侧是后退和前进按钮。
- 搜索栏：对当前路径下的文件进行搜索。
- 菜单栏：分类存放命令的地方。在"计算机"窗口中，"文件"菜单中是一些同文件操作相关的命令；"查看"菜单中则是一些和显示调整相关的命令。
- 工具栏：提供了一组图标按钮，单击这些按钮，可以快速执行一些常用操作。例如，单击"属性"按钮可查看所选硬盘的属性信息。
- 导航区：包括一些常用存储文件的路径，包括分类的库路径、网络路径和计算机物理硬盘路径等。
- 状态栏：位于窗口的最底端，用于显示当前正在进行的操作，或是显示已选中对象的属性信息等。

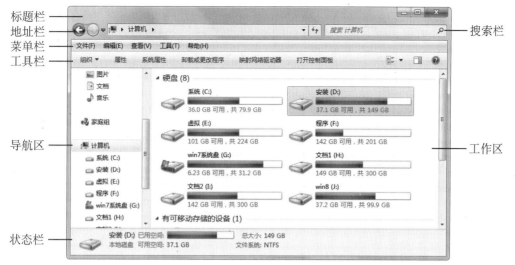

标题栏
地址栏
菜单栏
工具栏

导航区

状态栏

图2-16 "计算机"窗口

搜索栏

工作区

提示　在 Windows 7中，"计算机"窗口的菜单栏默认处于隐藏状态，用户可通过执行工具栏中的"组织"→"布局"→"菜单栏"命令，使其显示出来。

● 工作区：用于执行具体的任务。例如，在"计算机"窗口中，工作区主要用来操作文件或文件夹；在Word窗口中，工作区则主要用于编辑文档。

窗口的基本操作主要包括调整窗口大小、关闭窗口、移动窗口等。

1. 最大化、最小化和关闭窗口

在窗口右上角有三个控制按钮 、 （单击后，可切换为"还原"按钮 ）和 ，分别用于最小化、最大化（还原）和关闭窗口。

单击"最小化"按钮 ，可将窗口缩小到任务栏中；单击"最大化"按钮 ，可使窗口扩大到除任务栏以外的桌面区域；单击"还原"按钮 ，可还原窗口；单击"关闭"按钮 ，可以关闭窗口。

2. 调整窗口大小

当窗口处于还原状态时，可对其大小进行调整。将鼠标指针移到窗口的边界上（窗口的4条边框和4个角都可以），当鼠标指针变成双向箭头形状时，如图2-17所示，按住鼠标左键并拖动，然后在合适位置释放鼠标，即可改变窗口大小。

3. 移动窗口

要移动窗口，窗口也必须是处于还原状态。此时，将鼠标指针移动到窗口的标题栏上，按住鼠标左键并拖动，在合适位置松开鼠标，即可将窗口移动到新的位置，如图2-18所示。

4. 显示窗口内容

当在窗口右侧、下侧或其他位置有一个滚动条时，说明窗口中有内容没有显示出来。此时在滚动条上单击上下或左右箭头（或按住滑块并拖动），可显示隐藏的内容。

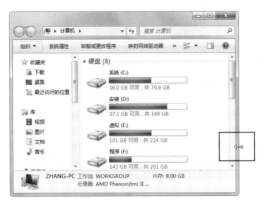

图2-17　调整窗口大小　　　　　　　　　　　　图2-18　移动窗口位置

2.2.4　菜单及其基本操作

菜单是系统中用字符显示的可直接操作的命令。除前面介绍的"开始"菜单外，常见的菜单还有窗口菜单、快捷菜单和控制菜单。下面逐一进行介绍。

- 窗口菜单：窗口菜单是指在窗口的菜单栏上的菜单，如图2-19所示。不同的窗口有着不同的菜单系统，其中都会包含针对当前应用程序的大多数命令。
- 快捷菜单：右键单击某对象所弹出的菜单称为快捷菜单。在此菜单中，包含了与用户当前的操作或与选中对象密切相关的一组命令。使用快捷菜单可快速找到需要使用的命令，从而提高工作效率。
- 控制菜单：单击应用程序窗口标题栏最左端的按钮（或空白处），即可弹出控制菜单，如图2-20所示。执行该菜单中的不同命令，可分别实现改变窗口尺寸、移动、最大化、最小化及关闭窗口等操作。

图2-19　窗口菜单　　　　　　　　　　　　　　图2-20　控制菜单

出现在菜单中的各个命令项常会有多种状态，每种状态都代表一种含义。下面来介绍这些菜单状态的意义。

- 灰色菜单：当某个菜单命令是灰色时，表明该菜单命令在当前状态下不可用，如图2-21所示。
- 开关菜单：有些菜单命令前有打钩标志，表明可让用户在两个状态之间进行切换，如图2-22所示。

- 单选菜单：在菜单前显示圆点，表示单选某一组菜单中的某一项，如图2-22所示。
- 下级菜单：在菜单右侧有箭头标记，说明该菜单命令下还有子菜单，如图2-22所示。
- 对话框菜单：在菜单右侧有省略号标记"..."，如图2-23所示，表示选择此菜单后将打开对话框。

图2-21　灰色菜单

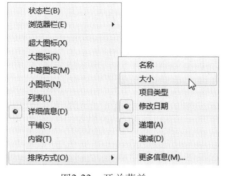

图2-22　开关菜单

图2-23　对话框菜单

提示

　　通常使用鼠标单击来打开或选择菜单。此外，使用键盘也可打开菜单：按下【Alt】键，先选中当前应用程序的某个菜单命令，然后按上下或左右箭头，选择菜单命令，并按【Enter】键，即可执行某个菜单命令。

此外，Windows 7系统中，微软公司不再将菜单作为操作的重点，而将"智能功能区工具栏"（图2-24为"画图"程序的"智能功能区工具栏"）作为替代菜单栏的工具。这种工具栏更加智能，可以根据当前操作自动变换工具按钮。

不过其他非微软系统的应用程序，大多数还是菜单栏加工具栏的模式，或是可在两种模式之间切换。

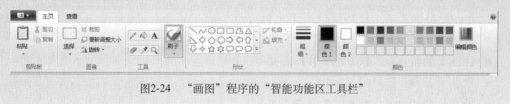

图2-24　"画图"程序的"智能功能区工具栏"

2.2.5　对话框及操作

对话框是一种特殊的窗口，多用于设置参数或执行某个单独的操作等。

图2-25为"Excel 选项"对话框。对话框通常包含标题栏、分类项、复选框、单选按钮、文本框、按钮等。

- 标题栏：对话框中的标题栏同窗口标题栏一样，用于显示对话框名称和关闭按钮。
- 分类项：当对话框的内容较多时，可使用分类项将内容归类到不同的项目中。通过单击各个分类项可在不同项目组之间切换。
- 文本框：用于输入文字或数据。
- 复选框：用于设定或取消某些项目，单击□可选中复选框，此时方框将变为☑状态，再次单击☑可以取消选择。

图2-25　对话框

- 单选按钮：单选按钮通常由多个组成一组。在这些选项中，用户只能选择其中之一，从而实现某种设置。
- 下拉列表框：下拉列表框中会显示当前选项，单击其右侧的小三角按钮▼可选择其他列表项。
- 按钮：单击按钮可以打开某个对话框或应用相关操作。

2.2.6　输入法的使用

单击任务栏上的 CH 按钮或 EN 按钮，可以打开如图2-26所示的输入法选择菜单，从中可选择要使用的输入法。

此外，还可以使用下述快捷键来快速切换输入法。

- 启动或关闭汉字输入法：【Ctrl+空格】快捷键。
- 快速切换输入法：【Ctrl+Shift】快捷键。
- 中英文切换：【Shift】快捷键。
- 中英文标点切换：【Ctrl+.】快捷键。
- 全角/半角切换：【Shift+空格】快捷键。

Windows 7系统默认只安装了"微软拼音"输入法，用户可以自行安装更多的输入法。右击任务栏上的 CH 按钮，如图2-27所示，执行"设置"命令，打开"文本服务和输入语言"对话框，如图2-28所示，单击"添加"按钮，在弹出的"添加输入语言"对话框中找到要添加的输入法，连续单击"确定"按钮，即可完成安装。

　　此外，我们还可以下载其他公司开发的输入法，如QQ输入法、百度输入法、谷歌输入法等。

大多数输入法都有自己的工具条，通过该工具条可以对输入法的输入状态进行适当的设置，如切换全角和半角、切换中英文标点等。图2-29为全拼输入法的工具条，图2-30为QQ输入法的工具条。可以看出，很多选项都是一样的，下面简单介绍其主要功能按钮的作用。

图2-26 切换输入法

图2-27 设置输入法

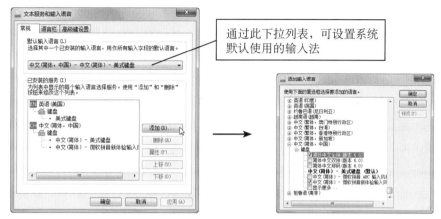

通过此下拉列表，可设置系统默认使用的输入法

图2-28 添加输入法

图2-29 全拼输入法工具条

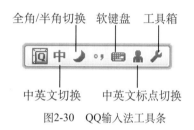

图2-30 QQ输入法工具条

- "中英文切换"按钮：用于切换输入的是中文还是英文。
- "半角/全角切换"按钮（）：用于切换英文字符的半角和全角状态。
- "中英文标点切换"按钮：用于切换中英文标点。
- "软键盘"按钮：又称"模拟键盘"开关按钮。单击该按钮将打开一个如图 2-31所示的模拟键盘，可通过单击此键盘上的按键来输入一些特殊符号；右击此 按钮，在打开的快捷菜单中选择要输入的特殊符号类型，如数学符号、拼音符 号、单位符号、数字序号和标点符号等。

提示
　　"半角"的英文字母和数字等只占一个字符，而"全角"则会占用同汉字一样的两 个字符。中文标点会占两个字符，而英文标点则只占用一个字符，如图2-32所示。

图2-31 打开的"软键盘"界面

ab1	（半角英文）
a b 1	（全角英文）
,.	（半角标点）
，。	（全角标点）

图2-32 全角和半角的区别

2.2.7　使用联机帮助

在使用Windows 7操作系统时，如遇到了难以解决的问题或不懂得某项操作时，可执行"开始"菜单中的"帮助和支持"命令，打开"Windows帮助和支持"窗口，如图2-33所示，然后输入问题关键字，单击"搜索帮助"按钮，选择相关帮助进行查看即可。

图2-33　获取Windows 7帮助

此外，在"Windows帮助和支持"窗口中单击"浏览帮助"按钮■，可显示出帮助的目录列表，从而以类似图书目录的形式获取帮助，如图2-34所示。

例如，在"Windows帮助和支持"窗口中单击"询问"按钮，可以通过寻求朋友"远程协助"、向专业技术人员询问以及获得Microsoft客户支持等方式，获得在线帮助，如图2-35所示。

图2-34　浏览帮助　　　　　　　　图2-35　获取远程协助

2.3　文件管理

计算机的应用程序以及我们编写的一些文案或财务数据等，在计算机中都是以文件形式保存的。为了能够及时找到并调用这些数据，需要对计算机中的文件进行正确管理。本节就来介绍这些相关操作。

2.3.1 文件和文件夹

文件用于存储计算机中的各种信息与数据，而文件夹则用于对文件进行分类管理。

在计算机中，不管是程序、文字、声音、视频，还是图像，最终都是以文件形式存储在计算机的储存介质（如硬盘、光盘、U盘等）上。

依据打开方式划分，文件可分为可执行文件和不可执行文件两种类型。

- 可执行文件：可自己运行的文件。选中某可执行文件，用鼠标双击，它便会自己运行。
- 不可执行文件：不能自己运行的文件。当双击不可执行文件后，系统会调用特定的应用程序去打开它。

 提示 扩展名为.EXE的文件都是可执行文件，其他大多数是不可执行文件。

计算机中文件的文件名都由两部分组成，中间以"."分隔，如图2-36所示。文件名中位于"."前面的部分称为主文件名，位于"."后面的部分称为扩展名。扩展名决定了文件的类型，也决定了可以使用什么程序来打开文件。常说的文件格式，通常指的就是文件的扩展名。

plot.log
梁节点配筋图.dwg
楼梯配筋详图.dwg
女儿墙配筋详图.dwg
檐口配筋详图.dwg

 标准层给排水平面图的绘制（处理）.avi
 标准层给排水平面图的绘制.avi
 标准层给排水平面图的绘制2（处理）.avi
 标准层给排水平面图的绘制2.avi
 一层给排水平面图的绘制（处理）.avi
 一层给排水平面图的绘制.avi

图2-36　计算机中的文件

 提示 文件名可以使用英文、汉字、数字甚至空格等字符。但是，文件名中不能含"\""/"":""<"">""?"和"|"字符。

Windows系统采用层次结构来组织文件和文件夹，各个磁盘位于文件夹层次结构的顶层，然后是向下一级结构的文件夹，以及各级结构中的文件，如图2-37所示。双击文件夹，可以将其打开，然后可以看到其中包含的文件和文件夹。

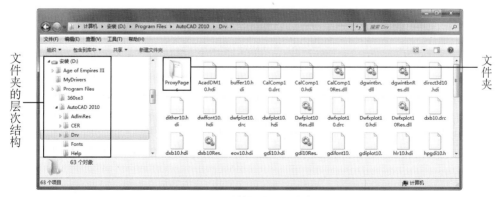

图2-37　计算机中的文件夹

> **提示**　有两类文件通常是不能删除的，一是装机后系统盘中的文件和文件夹，删除后将进不了操作系统；二是已安装的应用程序文件最好不要直接删除，删除后应用程序将无法运行，但在操作系统中还留有它的启动路径或是其他残留文件，应使用卸载操作进行卸载，以减少系统垃圾。应用程序的卸载详见第2.5.5节。

2.3.2 "计算机"和"资源管理器"

在Windows 7系统中，用户可使用"资源管理器"管理几乎所有的计算机资源。右击"开始"按钮，执行"打开Windows 资源管理器"命令，打开如图2-38所示的"资源管理器"。实际上，双击桌面上的"计算机"图标，打开的窗口也是"资源管理器"窗口，只是双击"计算机"图标后，系统直接定位到对硬盘、光驱等存储设备的管理界面而已。另外，双击桌面的"网络"图标或是双击任何一个文件夹打开的窗口都为"资源管理器"窗口。

"资源管理器"窗口主要由左、右两部分组成，其中左侧窗格为"资源列表"，包括"计算机"资源、"网络"资源、"家庭组"资源、"库"资源和"收藏夹"资源等，右侧为各个资源下具体的子资源。

其中，"计算机"资源下主要是硬盘、U盘、光驱、网盘等存储空间的资源；"网络"资源和"家庭组"资源，主要是网络共享的资源；"库"是自定义的资源集合；"收藏夹"资源则用于管理下载文件、桌面文件和最近访问的文件位置等。

图2-38　Windows 7资源管理器

在"资源管理器"窗口的"更改您的视图"下拉面板中，可以为资源管理器的资源图标（包括文件和文件夹图标等）设置多种显示方式，如图2-39所示。

每种显示方式，如图标的大小和显示的信息等，都有所不同，其所适合的应用场合也不同。在工作过程中，用户可根据实际需要来选择要使用的视图显示方式。

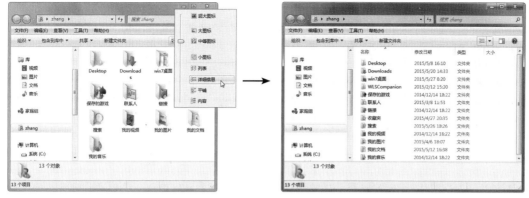

图2-39　更改Windows 7资源管理器图标的显示方式

2.3.3　管理文件或文件夹

本节将介绍对文件和文件夹进行管理的一些关键操作，如选择文件和文件夹、新建文件和文件夹，以及重命名、移动和复制文件夹等操作。

1. 选择文件和文件夹

要操作文件或文件夹，需要先将其选中。选择文件和文件夹的方法有如下几种。

● 单击选择：单击文件或文件夹即可将其选中；按住【Ctrl】键单击，可以同时选取多个文件或文件夹；按住【Shift】键单击，可选择连续的多个文件或文件夹。

● 拖动选择：按住鼠标左键不放，拖出一个矩形选择框，松开鼠标，在选框内的所有文件或文件夹都会被选中。

● 使用菜单命令：执行"编辑"→"全选"命令（或按【Ctrl+A】快捷键），可将当前窗口中的所有文件或文件夹选中；执行"编辑"→"反向选择"命令，可选中当前文件夹下未被选择的对象。

2. 新建文件和文件夹

很多应用程序都可以自行创建文件，例如，使用记事本输入了一段文字后，执行"文件"→"保存"命令，即可将当前文本保存为一个后缀名为".txt"的文件。

也可在文件夹或桌面的任意空白处单击右键，执行弹出菜单中"新建"下的相应命令创建文件或文件夹，如图2-40所示，命名后单击任意空白处，即可完成创建。

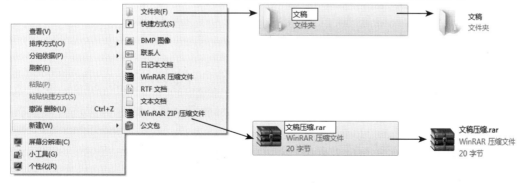

图2-40　新建文件和文件夹

此外，在"资源管理器"窗口中执行"文件"→"新建"菜单下的子菜单命令，也可新建文件或文件夹。这种方法与右击创建文件夹的操作是相同的，只是创建的途径不同而已。

3. 重命名文件和文件夹

在想要重命名的文件或文件夹上单击鼠标右键，在弹出的快捷菜单中执行"重命名"命令，然后输入新的文件或文件夹名称，按【Enter】键或在空白区域单击鼠标左键，即可重命名文件或文件夹。

> **提示**　间隔半秒左右（比双击的时间稍长），单击文件或文件夹，也可进行重命名文件或文件夹的操作。
>
> 此外，需要注意，同一文件夹中不能有两个名称相同的文件。

4. 移动和复制文件或文件夹

鼠标右击需要移动或复制的文件或文件夹，执行"剪切"或"复制"命令，然后进入想要移动或复制到的目标文件夹窗口，右击空白位置，执行"粘贴"命令，即可实现文件的移动或复制。

此外，打开两个"资源管理器"窗口，可从一个窗口中直接将文件拖动到另外一个窗口，如图2-41所示。在拖动的过程中，按下【Ctrl】键，则可将文件从一个窗口复制到另外一个窗口。

图2-41　移动文件

> **提示**　按【Ctrl+C】快捷键可进行剪切操作，按【Ctrl+V】快捷键可进行粘贴操作。

2.3.4　使用"回收站"

选中需要删除的文件或文件夹，按【Del】键或右击执行"删除"命令，在弹出的"删除文件"确认对话框中单击"是"按钮，便可删除文件，删除的文件将被移动到"回收站"中。

执行上述删除操作后，如发现删除错误，可双击桌面上的"回收站"图标，打开

"回收站"窗口，然后右击误删除的文件或文件夹，从弹出的快捷菜单中执行"还原"命令，则该文件或文件夹将被恢复到原来的位置。

如果在回收站中再次执行删除操作，或是右击桌面回收站图标，执行"清空回收站"命令，则将清空回收站，所删除的文件将无法再恢复了。

 提示 有时为了防止泄露秘密，也可以将文件永久删除，此时可在删除文件的同时按【Shift】键，然后单击"是"按钮，确认永久删除即可。

2.3.5　搜索文件或文件夹

将"资源管理器"定位到某个文件夹位置处（包含被搜索的文件或文件夹），在"搜索"栏中输入要搜索文件的"关键字"，系统即可进行查找，并将找到的文件以列表的形式显示在当前窗口中，如图2-42所示。

如要搜索文件内容，那么可在"资源管理器"窗口中执行"组织"→"文件夹和搜索选项"命令，打开如图2-43所示的"文件夹选项"对话框，切换到"搜索"选项卡，选中"始终搜索文件名和内容"单选按钮，单击"确定"按钮，再执行相应搜索操作即可。

 提示 在输入文件名时可使用通配符。常用的通配符有星号（*）和问号（?）两种。其中，星号代表一个或多个任意的字符，问号则只代表一个字符。例如，"*.*"代表所有文件和文件夹；"*.bmp"代表扩展名为.bmp的所有文件；"ab?.doc"代表扩展名为.doc，文件名为3位，且必须是以ab为文件名开头的文件。

图2-42　搜索文件夹

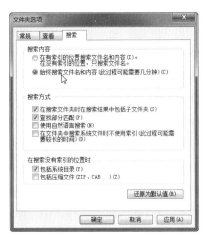

图2-43 设置搜索文件内容

2.3.6 查看或修改文件或文件夹的属性

文件属性主要包括文件的"读写"和"隐藏"属性、文件的创建和修改日期、安全信息，并提供以前版本的可恢复信息等。

要查看文件属性，可在"资源管理器"窗口中右击文件，从弹出的快捷菜单中执行"属性"命令，打开如图2-44所示的属性对话框。下面介绍此对话框的组成。

- "常规"选项卡：用于设置文件为"只读"文件或"隐藏"文件。只读文件不可被更改；隐藏文件在默认模式下不可见。单击"更改"按钮，可在打开的对话框中更改打开此文件的默认程序；单击"高级"按钮，可设置压缩文件或加密文件等。

图2-44 查看文件属性

- "安全"选项卡：如图2-45所示，通过此选项卡，可为当前文件设置修改、读取等用户权限。
- "详细信息"选项卡：如图2-46所示，通过此选项卡，可查看文件的创建和修改时间、所有者、文件保存路径等信息。为了保密等需求，可单击底部的"删除属性和个人信息"超链接，在打开的对话框中将这些信息删除。

● "以前的版本"选项卡：如图2-47所示，通过此选项卡，可打开、复制或还原文档之前的版本。要使用此功能，需要进行适当设置，单击此选项卡中的"如何使用以前的版本"超链接，在打开的帮助对话框中，按照提示进行相关操作，即可打开此功能。

提示　　要将隐藏文件显示出来，应执行"开始"→"控制面板"命令，打开"控制面板"窗口，单击"文件夹选项"按钮，打开"文件夹选项"对话框，切换到"查看"选项卡，选中"显示隐藏的文件、文件夹和驱动器"单选按钮即可，如图2-48所示。

图2-45　"安全"选项卡　　　图2-46　"详细信息"选项卡　　　图2-47　"以前的版本"选项卡

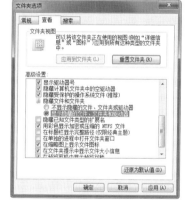

图2-48　显示隐藏文件

2.3.7　库的管理与使用

当文件数量较多、文件夹结构复杂或是文件访问烦琐时，可以使用Windows 7提供的文件库功能，对文件进行管理和使用。

简单地讲，Windows 7文件库就是将不同位置的文件夹集中到一个目录中进行管理。虽然这些文件夹不在同一个路径上，但是却可以在一个库中被访问，这样可以更加有效地对文件进行组织和管理。

打开任何一个文件夹，都可在打开窗口的左侧看到系统默认创建的"库"。系统默认创建了四个库，分别为视频、图片、文档和音乐。

可以将自定义的文件夹添加到库中，此时只需右击某个库，执行"属性"命令，在打开的属性对话框中单击"包含文件夹"按钮，将要包含到此库的文件夹选中并移进来即可，如图2-49所示。

如要创建自己的库，可右击"资源管理器"窗口左侧的"库"项，执行"新建"→"库"命令，并命名这个库即可。

库和库文件的访问，与文件夹和硬盘的访问相同，通过"资源管理器"和"计算机"等窗口都可以打开库文件夹。

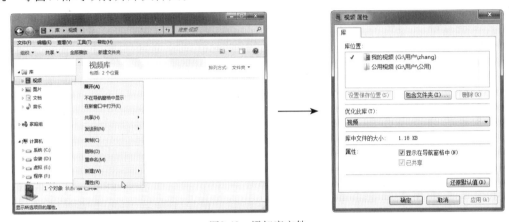

图2-49　添加库文件

2.4　程序管理

操作系统可对当前运行的应用程序进行管理、启动或退出，以及设置打开某类文件的默认程序等。本节介绍Windows系统的程序管理功能。

2.4.1　程序的启动和退出

通过"开始"菜单的"所有程序"菜单（以及"常用程序"中的菜单命令）中相应的子菜单命令来启动某个程序。

此外，也可通过单击任务栏的程序图标或双击桌面上的程序快捷方式来启动相应的应用程序。

要关闭应用程序，则可通过单击应用程序标题栏右上角的"关闭"按钮来实现。按【Alt+F4】快捷键，也可关闭应用程序。

> **提示**　每个已启动的应用程序都会在任务栏中有相应的按钮出现，用鼠标单击这些按钮即可实现应用程序的切换。此外，按【Alt+Tab】键，在打开的对话框中不断按下【Tab】键，再在要切换的程序处松开所有按键，也可以切换应用程序。

2.4.2　Windows任务管理器

右击任务栏，执行"启动任务管理器"命令，可打开"Windows任务管理器"对话框，如图2-50所示。

在此对话框的"应用程序"选项卡中，将显示当前运行的用户应用程序，可选择某个应用程序，然后单击此选项卡底部的"结束任务"按钮，将此应用程序关闭。如单击"切换至"按钮，将切换到此应用程序的进程；如单击"新任务"按钮则将启动新的应用程序，不过很少会通过这种方式来启动应用程序。

> **提示**　当某一个应用程序，因为某些故障不能正常运行或是较长时间内未有响应，此应用程序将会显示"未响应"字符，可以使用"Windows任务管理器"的"结束任务"功能，将无响应的应用程序强制关闭。

下面介绍"Windows任务管理器"对话框中其他选项卡的功能。

- "进程"选项卡：显示当前正在运行的所有程序，包括用户运行的前台应用程序，也包括Windows系统自身的应用程序。此处的操作需要一定的经验，因为很多Windows程序通常不能强制结束。
- "服务"选项卡：列表显示当前系统安装的所有服务，并可以启动或停止某项服务。

> **提示**　"应用程序""进程"和"服务"有什么区别呢？这个问题比较复杂，"服务"可理解为后台运行的，用于为其他程序提供服务的程序组，"应用程序"则多是面向用户的、为用户服务的程序，"进程"是程序实体，一个程序可以有多个进程。

- "性能"选项卡：显示计算机的性能状况，如CPU和核心数、CPU的当前使用率、内存的使用率等，如图2-51所示。
- "联网"选项卡：显示网络带宽和使用状况。
- "用户"选项卡：显示登录到此计算机的用户。

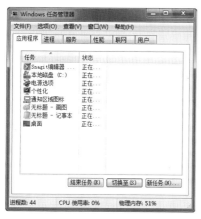

图2-50　"Windows任务管理器"对话框

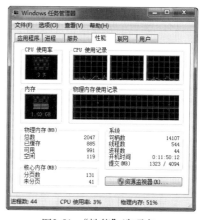

图2-51　"性能"选项卡

 ## 2.4.3　创建应用程序的快捷方式

如果每次都通过"开始"菜单启动应用程序，可能会有些烦琐。为此，用户可为某些应用程序创建快捷方式，并将快捷方式复制到桌面。这样，在启动程序时只需双击该快捷方式即可。

所谓快捷方式，实际上就是一个指针（或链接），它指向某个程序或文件夹。删除快捷方式并不会影响原程序，也不会删除其指向的文件夹。

右击某个可运行的程序文件（如.exe文件，或右击某个文件夹），执行"创建快捷方式"命令，即可创建此程序（或文件夹）的快捷方式，如图2-52所示。

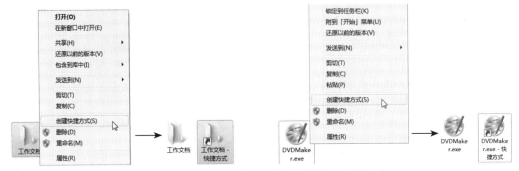

图2-52 创建"文件夹"和"应用程序"的快捷方式

 提示 完成快捷方式的创建后，将快捷方式剪切或复制到桌面，即可通过双击桌面上的此图标启动应用程序或打开某个文件夹了。

2.4.4 设置打开文件的程序

右击某个文件，执行"打开方式"命令，打开"打开方式"对话框，如图2-53所示。选中"始终使用选择的程序打开这种文件"复选框，然后在上面的程序列表中选择一个应用程序，并单击"确定"按钮，即可为此类文件设置打开的程序。设置完成后，下次再双击此类文件，将默认启动设置好的程序，并用其打开文件。

如果没有找到所要选择的程序，可单击"浏览"按钮，通过"资源管理器"窗口查找其他用于默认打开此类文件的程序。

图2-53 设置打开文件的程序

2.4.5 剪贴板

剪贴板是一块存放临时交换信息的存储区。用户可以使用复制、剪切命令，将文字、图形等各种数据信息传递到剪贴板上，然后使用粘贴命令，将复制的内容粘贴到新的文件夹或某些应用程序中。

例如，可以按【Print Screen】键捕捉整个屏幕的图像信息到剪贴板，然后在"画图"程序中执行"粘贴"命令，将其粘贴到画图程序中，再保存为图像。

 提示　　按【Alt+Print Screen】键，可捕捉当前活动窗口的图像信息。

2.5 控制面板

"控制面板"是对计算机进行配置的一个窗口，它包含了可对计算机各方面设置的工具，如用于设置桌面背景的"外观和个性化"工具组、用于管理用户的"用户帐户和家庭安全"工具组、用于管理外部设备的"硬件和声音"工具组等，如图2-54所示。

图2-54　"控制面板"窗口

下面将介绍其中较为常用的一些配置工具的使用。

 2.5.1 Windows 7的外观与个性化

如果要将某个图片设置为桌面背景，右击该图片，从弹出的快捷菜单中执行"设置为桌面背景"命令，即可将其设置为桌面背景。

实际上，Windows 7主要是用桌面主题来管理桌面背景、窗口颜色、系统声音和屏幕保护程序。在"控制面板"窗口中，单击"更改主题"超级链接，即可打开"个性化"操作界面，如图2-55所示。在此界面中，单击不同的主题选项，即可相应地更换为该桌面主题（包括背景和屏幕保护程序等）。

右击桌面空白处，在弹出的快捷菜单中执行"个性化"命令，也可以打开如图2-55所示的个性化界面。

此外，在图2-55所示的界面中单击"窗口颜色"按钮，可在打开的窗口颜色和外观操作界面中为窗口的主题颜色进行设置，如图2-56所示。在此界面中取消选中"启用透明效果"复选框，可取消窗口的透明效果。

图2-55　更改桌面主题

图2-56　窗口颜色和外观操作界面

通过主题管理的桌面背景，通常由多幅图片构成，在选中了某个主题后，可单击"控制面板"窗口中的"更改桌面背景"按钮，打开"桌面背景"操作界面，如图2-57所示。通过此界面，可对主题中的图片进行管理。如要向主题中添加图片，可将该图片复制到C:\WINDOWS\Web\Wallpaper文件夹的相应主题文件夹下即可，如图2-58所示。

图2-57　自定义主题

图2-58　存放主题图片的文件夹

使用主题设置桌面背景的好处是，可设置桌面背景每间隔一段时间即变换一张图片，以缓解眼睛疲劳。更换的时间间隔可在如图2-58所示的界面中进行设置。

2.5.2　用户账户管理

在公司中，如果有多人来共同任职同一岗位，使用同一台计算机。这时，如果大家共享一个操作环境，会因为每个人都有不同的应用习惯而感到不方便，如张三喜欢使用QQ输入法，而李四却习惯了谷歌输入法等。

要解决这一问题，可在Windows 7中创建多用户操作环境，每个人一个账户，每个账户都可设置单独的桌面、单独的应用程序等，不同用户之间互相不受影响。本节就来介绍在Windows 7中管理用户的相关操作。

在Windows 7中，系统提供了两种账户类型。

- 管理员：拥有对计算机使用的最大权力。管理员可以安装程序或增删硬件，可以管理本计算机中的所有其他用户账户。
- 标准用户：该类账户在使用计算机时将受到某些限制，例如，不能更改其他用户的设置、不能更改计算机安全设置、不能访问和删除其他用户的文件等。

默认情况下，Windows 7会有一个管理员账户。如果是多人使用一台电脑，可以创建账户供其他人使用。下面介绍创建账户的操作方法。

在"控制面板"窗口中单击"添加或删除用户账户"链接，打开"管理帐户"窗口，单击"创建一个新帐户"文字链接，如图2-59所示。在打开的窗口中输入新用户的名称，将其设置为"标准用户"，然后单击"创建用户"按钮，即可创建一个新账户。

图2-59 创建新帐户

在图2-59左图所示的窗口中，单击某个账户，打开更改账户操作界面，如图2-60左图所示，单击"删除帐户"超级链接，再在打开的操作界面中单击"删除文件"按钮，即可将某个账户及其个人文件删除。

图2-60 删除帐户

 提示 　如在图2-60右图所示的窗口中单击"保留文件"按钮，那么在删除账户后，此账户名下的文件数据等将被保留。如果这些数据比较重要，如此操作会比较安全。

在图2-60左图所示的窗口中，单击"创建密码"链接，可在打开的操作界面中为此用户创建密码；如单击"更改图片"链接，可打开如图2-61所示的选择图片操作界面，通过此界面，可为用户更换账户图片；如单击"设置家长控制"链接，那么可在打开的操作界面中选择一个用户后，再在打开的"用户控制"界面中，为用户设置家长控制选项，如设置开关机的时间段、可以运行游戏的时间段等，如图2-62所示。

图2-61　更改账户图片

图2-62　使用"家长控制"

提示　　此外，如果需为用户更改密码，可在图2-60左图所示的窗口中，单击"更改密码"或"删除密码"链接，进行更改用户密码或删除用户密码的操作。此操作较为简单，此处不再赘述。

2.5.3　打印机的安装、设置和使用

打印机的硬件安装主要是插上电源线，然后再将USB数据线连接到计算机的USB接口上即可。通常墨盒需要单独安装，其安装方法请查看说明书。打印机通常需要安装驱动程序才能正常工作。通常，将打印机自带的驱动盘插入光驱中，然后按照向导提示进行安装即可，安装过程较为简单。

完成打印机驱动的安装后，在"控制面板"窗口中单击"查看设备和打印机"链接，可打开"设备和打印机"窗口。在此窗口中，可以找到刚刚安装的打印机，如图2-63所示。

在"设备和打印机"窗口中双击刚安装好的打印机图标，可打开其管理界面，如图2-64所示；单击"显示打印机属性"链接，可打开打印机属性对话框，如图2-65所示。通过此对话框，可为打印机进行各种设置操作，例如，单击"首选项"按钮，打开首选项对话框，如图2-66所示，可通过此对话框设置打印质量等选项。

提示　　打印机不同，所能进行的设置选项有所不同，通常都可以设置打印的质量、纸张大小、页边距或托盘位置等参数。用户可根据实际需要进行设置，也可保持系统默认设置，如使用A4纸。通常在默认状态下即可打印。

图2-63 "设备和打印机"窗口

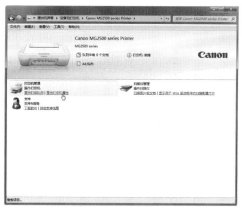

图2-64 打印机管理界面

图2-65 打印机属性对话框

图2-66 对打印机进行设置

安装好打印机并根据需要进行相关设置后，在应用软件中即可单击"打印"按钮（或执行相应的菜单命令）进行打印。例如，如图2-67所示，在IE浏览器操作界面中可执行"文件"→"打印"命令，然后在打开的对话框中选择要使用的打印机（如选择刚才安装的打印机），单击"打印"按钮，即可将当前网页打印出来。

图2-67 打印网页

 2.5.4 日期和时间设置

在"控制面板"窗口中单击"时钟、语言和区域"链接，再在打开的窗口中单击

"设置时间和日期"链接，可打开"日期和时间"对话框，如图2-68所示。在此对话框中单击"更改日期和时间"按钮，可在打开的对话框中对日期和时间进行调整，如单击"更改时区"按钮，可对时区进行调整。

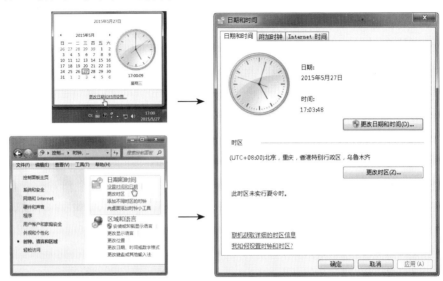

图2-68 设置"日期和时间"

> 提示　单击任务栏最右处显示的时间，在打开的窗口中单击"更改日期和时间"链接，也可以打开"日期和时间"对话框，并进行相关设置，如图2-68所示。

在"日期和时间"对话框中，切换到"附加时钟"选项卡，如图2-69所示。选中"显示此时钟"复选框，并选择一个时区，即可为系统设置附加时钟。

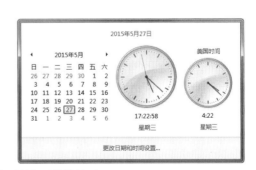

图2-69 设置"附加时钟"及其效果图

在"时间和日期"对话框中，切换到"Internet时间"选项卡，可将当前系统时间与"Internet时间"设置同步。系统默认设置与因特网时间同步，所以通常只需为计算机设置一个大概准确的时间和时区，如果连接了因特网的话，即可获得准确的系统时间。

2.5.5　安装和删除程序

通过购买光盘或网络下载，获得正版软件后，双击可执行安装文件（通常为Setup.exe程序），然后根据软件的安装向导，连续单击"下一步"按钮，即可完成软件的安装操作。

如要删除安装的应用软件，可先单击"开始"按钮，在"所有程序"菜单中找到所安装程序的卸载命令，单击后即可根据提示卸载软件。

此外，在"控制面板"窗口中单击"卸载程序"链接，打开"卸载或更改程序"窗口，然后在此对话框的列表项中找到要卸载的应用程序，右击执行"卸载/更改"命令，如图2-70所示。在打开的"卸载或更改程序"窗口中，根据需要选择卸载或更改文件的操作。

所谓更改程序，主要是指某些大型应用程序包中包含多个应用软件，例如，Office就包含Word、Excel、Outlook等多个软件。如在此处执行"卸载或更改"操作，那么在打开的对话框中，既可选择卸载Office，也可选择更改Office。比如，可只卸载其中的Word，或是选择为其添加其他原来未安装的组件。

图2-70　"卸载或更改程序"窗口

2.6　Windows 7磁盘管理

本节将介绍在Windows 7系统中如何对磁盘进行管理，如格式化磁盘、扫描磁盘、磁盘碎片整理等。

2.6.1　相关概念

磁盘是计算机中能够长期存储数据的硬件设备，常见的磁盘主要有硬盘、U盘和光盘等。

一个硬盘可划分为一个或多个盘区（或称分区），并分别命名为C盘、D盘、E盘等。其中C盘一般作为系统盘（安装操作系统的分区）。各盘区的使用方法没有什么区别，只是存储介质及存储的位置不同。

此外，磁盘还有主分区、扩展分区和逻辑分区的概念，它们之间的关系如图2-71所示。下面介绍各分区的意义。

图2-71　主分区、扩展分区（图中深色区域都为扩展分区）和逻辑分区

- 主分区：作为引导系统的分区必须是主分区且这个主分区必须设置为活动分区。在Windows XP系统中，主分区（多为C盘）用于安装操作系统并存储引导数据。在安装Windows 7操作系统时，系统默认划分了一个几百兆的主分区（且为活动分区）作为引导分区，此分区不可见。一个硬盘可划分四个主分区，或是三个主分区和一个扩展分区。

- 扩展分区和逻辑分区：扩展分区用于存放逻辑分区（可理解为数据分区），只是扩展分区不可直接使用，需要再划分为多个逻辑分区，才能被使用。

提示　在安装Windows 7操作系统时，根据安装向导，系统可执行对硬盘划分分区的操作。主分区由系统自动分配，剩下的全部空间作为扩展分区，所以只需划分逻辑分区即可。

此外，可在完成操作系统的安装后，使用"控制面板"→"管理工具"中的"计算机管理"工具，对磁盘再次执行相关划分和分配空间操作。还可使用其他专业的分区软件对磁盘空间进行划分，如Power Quest、Partition Magic等。

2.6.2　查看磁盘的常规属性

打开"计算机"窗口，右击所要查看的磁盘驱动器图标，执行"属性"命令，即可打开此驱动器的"属性"对话框，如图2-72所示。通过此对话框的"常规"选项卡，可了解到当前磁盘的空间大小、已用和可用空间等信息。

提示　此外，通过磁盘属性"常规"选项卡，还可为磁盘设置或更改卷标以及进行"磁盘清理"（详见第2.6.6节）等操作。

卷标相当于磁盘的"名称"，例如，本来是D盘，又为其设置卷标为"文件盘"，那么它就有了两个名字。其区别是盘符是不能重复的，但是卷标可以相同。

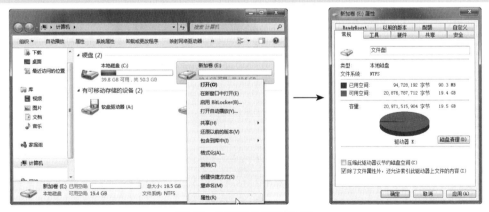

图2-72　查看磁盘的常规属性

2.6.3 格式化磁盘

格式化是对主引导记录中分区表的相应区域进行重写，并根据用户选定的文件系统，在分区中划出一片用于存放文件分配表、目录表等用于文件管理的磁盘空间，以便操作系统对存储在此分区的文件进行管理。

如果此分区被使用过，即使被格式化过，也保存有文件，所以格式化后要"清空"此分区文件分配表、目录表中记录的文件信息，也就是将整个分区清空。格式化后，此分区的所有文件都将被删除。

右击要进行格式化的分区图标，执行"格式化"命令，打开格式化对话框，如图2-73所示。选择一种文件系统（如NTFS）后，单击"开始"按钮，系统会弹出一个提示对话框，单击"确定"按钮，即可开始格式化磁盘。

图2-73　格式化磁盘

在图2-73右图所示的格式化对话框中，容量项通常不可更改。下面介绍此对话框中其他项的作用。

- 文件系统：有两种系统供选择，即"FAT32"和"NTFS"。"NTFS"比"FAT32"在安全性（如可为文件分配用户权限、加密、设置磁盘配额等）和支持单个大文件（单个文件超过4GB）上更具优势，但DOS系统不支持NTFS文件系统。

 提示　通常可保留一个逻辑盘为FAT32格式，以备在DOS下杀毒和修复系统等使用，而其他逻辑盘均格式化为NTFS系统。

- 分配单元大小：此项指的是操作系统为每一个单元地址划分的空间大小。分配单元越小，越节省磁盘空间，但读写磁盘时越耗费时间；反之，分配单元越大，则读写磁盘速度越快，但越浪费磁盘空间。此项通常使用系统默认设置即可。
- 快速格式化：选中此复选框，将进行快速格式化，此时系统将仅仅清空FAT表（文件分配表），所以速度很快；如取消其选中状态，那么将进行完全格式化，此时将对磁盘的每个扇区都进行扫描，并标记出坏的扇区（被标记出来的坏扇区，以后将不再使用）。完全格式化比快速格式化的速度肯定要慢一些，但要安全一些。由于剔除了坏的扇区，以后所写的数据不会轻易丢失。

● 创建一个MS-DOS启动盘：如果被格式化的磁盘是一个软盘，那么可选择此项，创建一个MS-DOS启动盘。

2.6.4 磁盘扫描程序

在管理硬盘上的文件时，如果出现某些文件无法删除、复制、剪切或文件无法正常打开等情况，这可能是硬盘出现了逻辑坏道。解决问题的办法是利用磁盘扫描工具扫描并修复出现问题的硬盘分区。具体操作如下。

右击要扫描的磁盘，执行"属性"命令，打开分区属性对话框，并切换到"工具"选项卡，如图2-74所示。单击"开始检查"按钮，在打开的对话框中选中"自动修复文件系统错误"和"扫描并试图修复坏扇区"复选框，单击"开始"按钮，开始检查磁盘，检查完毕后，单击"确定"按钮即可。

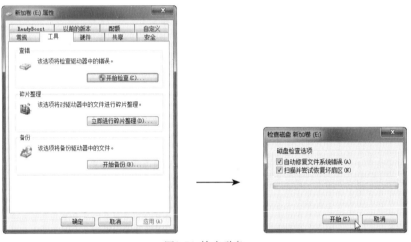

图2-74 检查磁盘

2.6.5 磁盘碎片整理程序

利用磁盘碎片整理程序能将硬盘上零碎的文件碎片整理成一个个完整的文件。定期对硬盘（尤其是C盘）进行碎片整理，能提高系统运行的速度并拥有更多剩余空间。

右击某个磁盘，执行"属性"命令，打开分区属性对话框，并切换到"工具"选项卡，如图2-75所示。单击"立即进行碎片整理"按钮，打开"磁盘碎片整理程序"对话框。选中要进行碎片整理的磁盘，单击"磁盘碎片整理"按钮，即可对磁盘进行碎片整理操作。整理完成后，将"磁盘碎片整理程序"对话框关闭即可。

提示

　　整理前，可单击"磁盘碎片整理程序"对话框中的"分析磁盘"按钮，分析磁盘是否需要整理。

　　此外，磁盘整理会花很长的时间，可以单击"磁盘碎片整理程序"对话框中的"配置计划"按钮，以配置在计算机空闲的时间段执行磁盘碎片整理操作。

　　另外，单击"开始"按钮，执行"所有程序"→"附件"→"系统工具"→"磁盘碎片整理程序"命令，也可打开"磁盘碎片整理程序"对话框。

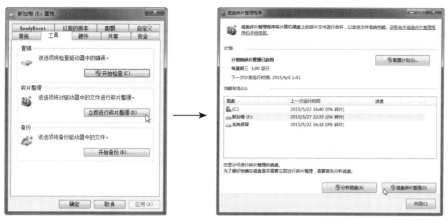

图2-75　磁盘碎片整理

2.6.6　磁盘清理程序

使用磁盘清理程序，可将磁盘上无用的文件删除，以整理出更多的磁盘空闲空间，供存放文件等使用。

右击要进行清理的磁盘，执行"属性"命令，打开分区属性对话框，并切换到"常规"选项卡，单击"磁盘清理"按钮，打开磁盘清理对话框，如图2-76所示。在此对话框中选中要进行清理的项，单击"确定"按钮，并在打开的对话框中单击"删除文件"按钮，即可对选中的磁盘执行磁盘清理操作。

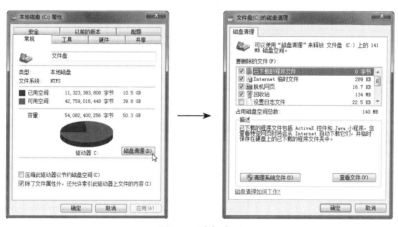

图2-76　磁盘清理

提示　　此外，单击"开始"按钮，执行"所有程序"→"附件"→"系统工具"→"磁盘清理"命令，在打开的对话框中选择要清理的磁盘，也可打开磁盘清理对话框。

2.7　Windows 7附件程序

Windows 7 提供了丰富的附件程序，包括写字板、画图、计算器、截图工具等。这些程序虽然小巧，但却可帮助用户解决不少问题。本节将介绍部分附件程序的使用。

2.7.1　记事本与写字板

"记事本"可用于编辑简单的纯文字的文档（按照其名称，可理解为临时记事的程序）。其使用方法为：单击"开始"按钮，执行"所有程序"→"附件"→"记事本"命令，打开"记事本"窗口，将光标定位到记事本内，输入文字即可，如图2-77所示。

通过"记事本"的"编辑"菜单，可以查找或替换记事本中的文本。通过"格式"菜单，可设置记事本中的文字"自动换行"，或是选择"文字"项，为记事本内的文字设置字体，如图2-78所示。

图2-77　记事本操作界面　　　　　　图2-78　为"记事本"内的文字设置字体

相比"记事本"，"写字板"是一个可用来创建和编辑文档的文本编辑程序。写字板文档可以包括复杂的格式和图形，并且可以在写字板内链接或嵌入对象，如图片或其他文档。

单击"开始"按钮，执行"所有程序"→"附件"→"写字板"命令，即可启动"写字板"程序，如图2-79所示。

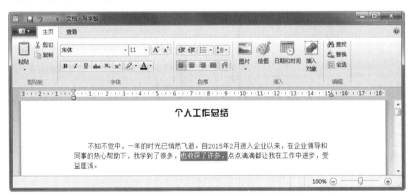

图2-79　"写字板"程序

写字板上部为"功能区"，下部为"工作区"。通常是先在工作区中输入文字，然后通过功能区中的按钮为输入的内容设置格式，或是单击相应按钮导入图片、插入对象，或是执行查找和替换操作等。下面介绍"功能区"中各按钮组的主要功能。

● 复制和粘贴功能：在"功能区"的"主页"选项卡下，左侧"剪贴板"栏中的按钮用于实现粘贴、剪切和复制功能，这三项较为简单，此处不再赘述。其中，在"粘贴"下拉按钮中有一个"选择性粘贴"选项。选择此项，可将复制的对象根据需要粘贴为图表、图片、位图等，如图2-80所示。由于复制的对象不同，可以粘贴的类型也会不相同。

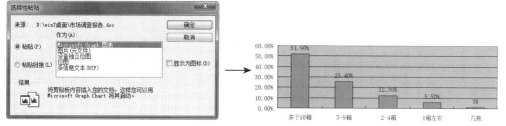

图2-80 "选择性粘贴"操作

● 字体设置功能：在"功能区"的"主页"选项卡下，"字体"栏中的按钮用于对选中的文字设置字体，例如，可将选中的文字设置为"黑体""加粗"等。各个按钮的作用如图2-81所示。

● 段落设置功能：在"功能区"的"主页"选项卡下，"段落"栏中的按钮用于设置光标所在段落（或选中的段落）的段落格式，例如，可将选中的段落设置为"居中""行距为2"等。各个按钮的作用如图2-82所示。

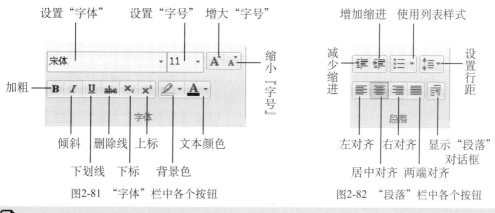

图2-81 "字体"栏中各个按钮　　　　图2-82 "段落"栏中各个按钮

提示　　"段落"栏中的"使用列表样式"按钮用于为选中的段落设置一种列表样式，如1、2、3…开始的列表等；而"两端对齐"按钮则用于为同在一行的文本设置两端对齐。

● 插入功能：在"功能区"的"主页"选项卡下，"插入"栏中的按钮用于插入图片等对象。其中，单击"图片"按钮■可为当前文档插入外部图片；单击"绘图"按钮■可打开"绘图"程序，绘制图形并在完成绘制关闭绘图程序后，将绘制的图形插入到当前文档中；单击"日期和时间"按钮■可打开"日期和时间"对话框，如图2-83所示，然后选择一种格式，插入当前系统时间；单击"插入对象"按钮■可打开"插入对象"对话框，如图2-84所示，然后选择一种文件类型，使用其应用程序，创建一个此类型的文件，完成编辑后将其插入到当前文档中。

图2-83 "日期和时间"对话框   图2-84 "插入对象"对话框

- 查找替换功能：在"功能区"的"主页"选项卡下，"编辑"栏中的按钮用于查找或替换工作区中的文本或全选工作区中的对象。

提示　此外，"功能区"的"查看"选项卡用于设置"工作区"中文档的显示方式、放大缩小工作区或是设置工作区顶部标尺和底部状态栏的显示与否，以及设置"自动换行"和"度量单位"等。

"主页"选项卡左侧的"写字板"下拉按钮用于保存、另存写字板编辑的文档，或打印、邮寄写字板文档等。

2.7.2　画图

　　Windows 7附带的"画图"程序是个简单的绘画工具，使用它可以创建、编辑或查看图片等。单击"开始"按钮，执行"所有程序"→"附件"→"画图"命令，可以启动"画图"程序，如图2-85所示。

　　同"写字板"程序一样，"画图"程序也主要使用功能区"主页"选项卡中的按钮来实现绘制和修改图形等操作。下面对比较重要、实用的功能按钮做简单介绍。

- "铅笔"按钮：选中此按钮，拖动指针便可画任意直线或曲线。
- "填充"按钮：选中此按钮，在绘图区单击，便可以图线为边界执行以当前前景色进行填充的操作。
- "文字"按钮 A：选中此按钮，在绘图区单击，可创建文字。
- "橡皮擦"按钮：选中此按钮，在绘图区单击或拖动，可使用背景色擦除橡皮擦单击或划过的区域图形。
- "吸管"按钮：选中此按钮，在绘图区单击，可吸取单击点处的颜色作为前景色。
- "放大镜"按钮：单击此按钮，在绘图区单击，可放大图形。
- "刷子"按钮："刷子"是一个重要的工具，它虽然也是绘制图线的工具，但是与"铅笔"工具不同，"刷子"工具绘制的图线更加细腻，而且通过"刷子"工具下拉面板，可选择各种不同类型的刷子。它们与现实中的毛笔类似，充分使用此工具，可创建书法作品或毛笔画。

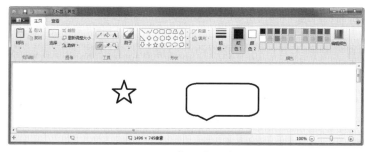

图2-85 "画图"程序

- "粗细"按钮 ☰：用于调整"铅笔""橡皮擦"和"刷子"的粗细。
- "颜色1"和"颜色2"按钮："颜色1"按钮即前景色，"颜色2"按钮即背景色。可通过右侧的颜色面板，为其设置不同的颜色。

2.7.3 计算器

"计算器"可用于基本的算术运算（如加、减运算等），同时它还具有"科学计算器"等功能，可执行对数运算和阶乘运算等复杂运算。

单击"开始"按钮，执行"所有程序"→"附件"→"计算器"命令，即可启动计算器，如图2-86所示。

"计算器"的使用较为简单，通常加减乘除后，按"="按钮即可。这里解释几个英文缩写按钮的作用。

- MS：将当前显示的数值存储起来。MS只能存储一个数值，在存入新的当前值后，原来存储的数值将被覆盖。
- MR：读取MS存储的数值，并显示出来。
- MC：清除MS存储的数值（清零）。
- M-：用MS保存的数值减去当前显示的数值后，再将结果保存起来。
- M+：用MS保存的数值加上当前显示的数值后，再将结果保存起来。
- CE：清除当前输入。当按键错误时单击此按钮，可以消去一次数值。
- C：清除键。清除所有数据，算式、MS保存的数据等都清零（相当于复位键）。

此外，在"计算器"的"查看"下拉菜单中可选择"科学型"或"程序员"选项，将计算器切换为"科学型"或"程序员"型计算器。图2-87所示为"科学型"计算器，关于它们的功能，用户可自行尝试。

图2-86 计算器

图2-87 "科学型"计算器

2.7.4 截图工具

Windows 7自带截图工具，可帮助用户截取屏幕上的图像，并且可以对截取的图像进行简单编辑。

单击"开始"按钮，执行"所有程序"→"附件"→"截图工具"命令，即可启动"截图工具"程序，如图2-88所示。拖动鼠标绘制一个框，框选的区域将被截图，打开"截图工具"编辑界面，如图2-89所示。

图2-88 "截图工具"截图操作   图2-89 截图工具编辑操作界面

"截图工具"编辑界面中的按钮很少。系统默认选中"笔"工具 ，它的功能相当于"画图"工具中的铅笔工具，只能用来绘制线条；其右侧有"荧光笔"按钮 ，用于绘制较粗的荧光笔线条（类似"画图"工具中的笔刷），如图2-89所示。

如果抓图后，无需对图片进行修改，通常直接单击"保存"按钮，将抓取的图像命名保存即可。

本章小结

本章主要介绍了Windows 7操作系统的基本概念和相关应用知识，如鼠标、键盘的使用；窗口、对话框、文件、文件夹的基本概念等；程序的管理操作；控制面板的使用；磁盘的管理；附件工具的使用等。学会使用Windows 7操作系统，是使用计算机进行其他工作的基础，所以应用心领会并掌握相关操作。

习题

一、填空题

（1）双击是连续单击两次鼠标左键。该操作在操作系统中常用于打开_____、启动_____等。

（2）鼠标主要有三个按键：_____、_____和_____。

（3）【_____】键主要用于控制大小写字母的输入。未按下该按键时，按各种字母键将输入小写英文字母；按下该按键后，按各种字母键将输入大写英文字母。

（4）【Num Lock】键用于控制数字键区上下档的切换。当按下该键时，NumLock指示灯亮，表示此时可_____。再次按下此键，指示灯灭，此时只能_____。

（5）操作键盘时，应首先将各手指放在【A】、【S】、【D】、【_】、【_】、【K】、【L】和【；】这八个基准键位上。

（6）启动程序或打开文件夹时，Windows会在屏幕上划定一个矩形的区域，这便是_____。

（7）当某个菜单是灰色时，表明该菜单命令在当前状态下_____。

（8）启动或关闭汉字输入法，可按【_____】快捷键。

（9）_____是对主引导记录中分区表的相应区域进行重写，并根据用户选定的文件系统，在分区中划出一片用于存放文件分配表、目录表等用于文件管理的磁盘空间，以便操作系统对存储在此分区的文件进行管理。

（10）在管理硬盘上的文件时，如果出现某些文件无法删除、复制、剪切或文件无法正常打开等情况，可执行_____操作进行修复。

（11）利用"_____"程序，能将硬盘上零碎的文件碎片整理成一个个完整的文件。

二、问答题

（1）如何打开和关闭Windows 7系统，简述其操作。

（2）什么是计算机的"睡眠"状态，简述"睡眠"状态的好处。

（3）如何将应用程序设置为"开始"菜单中的"固定程序"，简述其操作方法。

（4）如何重命名文件或文件夹，简述其操作。

（5）什么是"库"？如何创建和打开"库"？

（6）如何将图片设置为桌面背景，简述其操作。

（7）什么是"附加时钟"？如何设置和使用"附加时钟"？

（8）有哪两种删除程序的方法，简述其中一种操作。

三、练习题

（1）尝试将桌面壁纸主题更改为"中国"，并将壁纸中图片的更换间隔设置为每1个小时更换一次。

（2）尝试创建一个"标准账户"，将其命名为"女儿"，并设置其登录密码为"111222"，然后为其设置"家长控制"，再设置这个账户可以使用的时间为晚上8点到10点。

第**3**章

数据库技术基础

本章导读◢

随着人类社会的不断发展，数据库技术已成为现代生产生活中不可缺少的一项技术，无论是个人还是公司，每天都需要处理大量数据，尤其对于大型企业而言更是如此。如何能够更有效地组织与处理信息是人们普遍关注的问题。

本章要点
- 数据库基础知识
- 关系数据库基础
- 结构化查询语言SQL
- Access 2010的基本操作

学习目标

无论是个人还是公司，每天都需要处理大量数据，尤其对于大型企业而言更是如此。如何能够更有效地组织与处理信息是人们普遍关注的问题。

本章首先会介绍数据库的一些基础知识，包括数据库的基本概念、关系型数据库的基础知识以及结构化查询语言SQL等内容。

Microsoft Office中的Access是一款优秀的关系型数据库应用程序，使用它可以开发出简洁高效、界面友好、功能强大的数据库管理系统。表是Access数据库中其他操作的基础，数据库中的所有其他操作都是以表中的数据为依据的。因此，如何创建并设计表是Access中最为重要的一个环节。本章将介绍如何在Access中创建表并输入数据，以及表数据的编辑、查询与导入导出等操作方法。

3.1 数据库基础知识

从计算机技术的角度来看，数据管理的方法经历了多个不同阶段。最早期的数据是用文件的形式直接存储的，并且持续了很长时间，这与计算机的应用水平有关。早期的计算机主要用于数学计算，虽然计算的工作量大、过程复杂，但其结果往往比较单一。在这种情况下，文件系统基本上是够用的。随着计算机技术的发展，计算机越来越多地用于信息处理，如财务管理、办公自动化、工业流程控制等。这些系统所使用的数据量大，内容复杂，而且面临数据共享、数据保密等各方面的需求，于是就产生了数据库系统。数据库系统的一个重要概念是数据的独立性，用户对数据的任何操作（如查询、修改）不再是通过应用程序直接进行，而必须向数据库管理系统发送请求而实现。数据库管理系统统一实施对数据的管理，包括存储、查询、修改、处理和故障恢复等，同时也保证能在不同用户之间进行数据共享。如果是分布式数据库，这些内容还将扩大到整个网络范围之上。

3.1.1　数据库的基本概念

开始，简单的数据库就跟一张张的表格一样，有行有列。后来一些管理数据库又有数学头脑的人，想出了一些好点子，于是数据库就发展成为一门计算机的分支学科。到了现在，数据库变得更加复杂了，但它的应用也越来越广，因此数据库的发展非常迅速。

任何一门学科的发展都是为了使人们能更好地利用这门学科，数据库的发展也不例外，数据库的建立也无非是为了让人们从众多的数据中更方便地获得、使用、分析众多的有用信息。通常的操作是用户有了好奇心，于是他问："现在谁是世界第一富翁？"计算机经过一系列艰难的筛选后终于显示了结果。用户并不知道计算机是如何做到的，他只是方便地得到了要获得的信息数据。

数据库现在已发展成一门专门的学科，这里不涉及更多知识，只是简要介绍数据库及其管理系统的有关概念。

1. 数据

数据是指存储在某一种媒体上能被识别的物理符号。数据的概念包括两个方面：一是描述事物特征的数据内容；二是存储在某一媒体上的数据形式。由于描述事物特性必须借助一定的符号，这些符号就是数据形式。数据形式可以是多种多样的，例如，某人的出生日期是"1973年11月17日"，也可以将其改写为"1973/11/17"，但其含义并没有改变。

数据的概念在数据处理领域已大大地拓宽了。数据不仅仅指数字、字母、文字和其他特殊字符组成的文本形式的数据，而且还包括了图形、动画、视频、音频等多媒体数据。

2. 数据库

就像存放货物的仓库一样，数据库可以直观地理解为存放数据的仓库，只不过这个仓库是在计算机的大容量存储器上。硬盘就是一种最常见的计算机大容量存储设备，而且数据必须按一定的格式存放，以便查找。

数据库一般定义为：数据库是长期存储在计算机内的、有组织的、具有较高数据独立性的、较少数据冗余的、可共享的数据集合。

3. 数据库管理系统

数据库是相关数据的集合，数据间有一定的结构，可存放在介质上持久保存，并由多个用户共享。这样的数据集合就需要一个软件统一管理，这一软件就是数据库管理系统（Database Management System，简称DBMS）。DBMS一般由多个功能模块组成：语言编译处理程序、系统运行控制程序和系统建立与维护程序，每个功能模块都有自己的功能，共同完成DBMS的一件或几件工作。常见的数据库管理系统有MySQL、Microsoft SQL Server、Oracle等。

4. 数据库系统

数据库系统是指在计算机中引入数据库后的系统，一般由四部分组成：硬件系统、系统软件（包括操作系统、数据库管理系统、数据库应用系统）和各类人员（包括数据库管理员、系统分析员、数据库设计人员、应用程序员和最终用户），如图3-1所示。

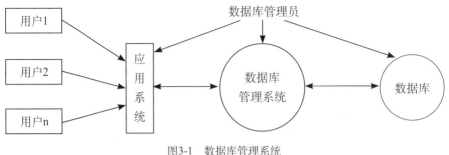

图3-1　数据库管理系统

5. 数据库管理员

数据库的建立、使用、维护等工作只靠一个数据库管理系统远远不够，还要有专门的人员来完成，这些人就被称为数据库管理员（Database Administrator，简称DBA）。

3.1.2　数据库技术的发展

信息时代的核心是信息。计算机技术解决的是信息的处理和存储，网络技术关心的是信息的传输与共享，而数据库技术旨在解决信息的管理问题。数据库技术的发展已经成为先进信息技术的重要组成部分，是现代计算机信息系统和计算机应用系统的基础和核心。可以说，没有数据库技术的发展，社会信息化的进程将难以实现。

1. 数据库技术的发展史

数据库技术产生于20世纪60年代中期，根据数据模型的发展，可以划分为三代：第一代的网状、层次数据库系统，第二代的关系数据库系统，第三代的以面向对象模型为主要特征的数据库系统。

● 第一代：网状、层次数据库系统。基于层次数据模型的数据库管理系统的重要贡献是将应用系统中的所有数据独立于各个应用，由DBMS进行统一管理，实现了数据资源的整体管理，使得人们认识到数据的价值和统一管理的必要性。网状数据模型是基于图来组织数据的，对数据的访问和操纵需要遍历数据链来完成。它克服了层次数据模型的局限性，奠定了数据库发展的基础。

提示　　　第一代的代表是1969年IBM公司研制的层次模型的数据库管理系统IMS和20世纪70年代美国数据库系统语言协会CODASYL下属数据库任务组DBTG提议的网状模型。

● 第二代：关系数据库系统。其主要特征是支持关系数据模型（数据结构、关系操作、数据完整性）。在20世纪70年代以来新发展的DBMS产品中，近90%是采用关系数据模型，其中涌现了许多性能良好的商业化关系数据库管理信息系统（RDBMS），如Oracle、DB2、Sybase、Informix、Microsoft SQL Server等。

提示　　　1970年，IBM公司的E.F.Codd发表了著名的基于关系模型的数据库技术的论文——《大型共享数据库数据的关系模型》，并获得了1981年的ACM图灵奖，标志着关系型数据库模型的诞生。

- 第三代：以面向对象模型为主要特征的数据库系统。其产生于20世纪80年代，主要特征是支持数据管理、对象管理和知识管理；保持和继承了第二代数据库系统的技术；可对其他系统开发，支持数据库语言标准，支持标准网络协议，有良好的可移植性、可连接性、可扩展性和可操作性等。

2. 数据库的发展新趋势

由于相关技术的发展和应用需求的驱动而出现了面向对象数据库、分布式数据库、多媒体数据库、Web数据库、数据仓库、工程数据库、演绎数据库、知识库、模糊数据库、时态数据库、统计数据库、空间数据库、科学数据库、文献数据库、并行数据库等数据库新领域。它们都继承了传统数据库的理论和技术，但又不是传统的数据库，它们在数据库的整体概念、技术内容、应用领域甚至基本原理方面都有了重大的发展和变化，从而使得传统的数据库（即面向商业和事务处理的数据库）仅仅成为当今数据库系列的一个成员。当然，它也是在理论和技术上发展得最为成熟、应用效果最好、应用面最广泛的成员，其核心技术、基本原理、设计方法和应用经验等仍然是整个数据库技术发展和应用开发的指导和基础。

随着科学技术的发展，计算机技术不断应用到各行各业，数据存储不断膨胀的需要，对未来的数据库技术将会有更高的要求。

3.1.3 数据模型

数据模型是数据库中数据的存储方式，是数据库系统的核心和基础，它主要由以下三部分组成。

- 数据结构。它是一组研究对象类型的集合。这些对象是数据库的组成部分，包括与数据类型、内容、性质有关的对象和与数据之间联系有关的对象两类。数据结构是刻画一个数据类型性质最重要的方面，是对系统静态特性的描述。
- 数据操作。它是指对数据库中各种对象的实例允许执行的操作的集合，包括操作及有关的操作规则。通常对数据库的操作有检索、插入、删除、修改等，这些操作是对数据动态特性的描述。
- 数据的约束条件。它是一组完整性规则的集合。完整性规则是给定的数据模型中数据及其联系所具有的制约和依存规则，用以限定符合数据模型的数据库状态以及状态的变化，以保证数据的正确、有效、相容。

数据模型还应该提供定义完整性约束条件的机制，以反映具体应用所涉及的数据必须遵守的特定的语义约束条件。

在几十年的数据库发展史中，出现了以下三种重要的数据模型。

- 层次模型。它用树型结构来表示各类实体以及实体之间的联系，如图3-2所示。层次模型的一个基本特点是：任何一个给定的记录值，只有按其路径查看时，才能显示出它的全部意义，没有一个子女记录值能够脱离双亲记录值而独立存在。例如，1969年IBM公司研制的层次模型的数据库管理系统IMS。
- 网状模型。在数据库中，同时满足"允许一个以上的节点无双亲"和"一个节点可以有多余一个的双亲"这两个条件的基本层次联系集合成为网状模型，如图3-3所示。例如，DBTG系统（即：根据20世纪70年代美国数据库系统语言协会CODASYL公布的《DBTG报告》实现的系统）。

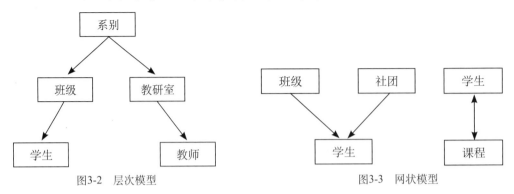

图3-2　层次模型　　　　　　　　　　图3-3　网状模型

- 关系模型。它是目前最重要的一种数据模型。关系数据库系统均采用关系模型作为数据库的组织方式，关系模型把世界看作是由实体（Entity）和联系（Relationship）构成的，关系模型把所有数据都组织到表中。表是由行和列组成的，行表示数据的记录，列表示记录中的域。表反映了现实世界的事实和值，例如，Microsoft Access，其理论基础是IBM公司研究人员E.F.Codd发表的大量论文。关系模型与以往的模型不同，它建立在严格的数学概念的基础上。关系模型中数据的逻辑结构是一张二维表，它由行和列组成。表中的一行即为一个元组，表中的一列即为一个属性，如图3-4所示。

学号	姓名	年龄	性别	所在系
200510000	张三	25	男	计算机
200510078	李四	24	男	化学
200501008	王燕	25	女	中文

图3-4　学生信息表

在这三种数据模型中，前两种现在已经很少见了，目前应用最广泛的是关系数据模型。自20世纪80年代以来，软件开发商提供的数据库管理系统几乎都支持关系模型。

3.2　关系数据库基础

关系数据库是以集合论中关系的概念为基础发展起来的，它运用数学方法研究数据库的结构及定义对数据的操作。

3.2.1　基本概念

关系数据库是目前各类数据库中最重要、最流行的数据库，它应用数学方法来处理数据库数据，是目前使用最广泛的数据库系统。关系数据库系统与非关系数据库系统的区别是：关系数据库系统只有"表"这一种数据结构；非关系数据库系统还有其他数据结构，对这些数据结构有其他的操作。

采用关系模型作为数据组织方式的数据库叫作关系数据库。对关系数据库的描述称为关系数据库的模型，它包括若干域的定义以及在这些域上定义的若干关系模型。

结构化查询语言（Structured Query Language）简称SQL，是一种介于关系代数与关系演算之间的语言，其功能包括查询、操纵、定义和控制四个方面，是一个种通用的、功能极强的关系数据库语言，目前已成为关系数据库的标准语言。

3.2.2　关系运算

关系数据库的数据语言是非过程化的语言，使用方便灵活，表达能力强。特别是其查询功能，一次查询可以在多个关系上进行，查询结果为一个新的关系。在关系数据库中，对数据的各种操作都可以归结为对关系的运算，只要给出运算表达式，就可以得到我们所需的数据。

关系代数的运算可分为以下两类。

- 传统的集合运算，如并、交、差、广义笛卡尔积。这类运算将关系看成元组的集合，其运算是以关系的行为单位来进行的。
- 专门的关系运算，如选择、投影、连接、除。这类运算表达了实用系统中应用最普遍的查询操作，它也是关系数据库数据维护、查询、统计等操作的基础。

上述两类运算的运算对象是关系，运算结果也是关系。

3.2.3　关系的完整性

在关系数据库中，完整性约束主要分为三类：实体完整性约束、引用完整性约束和其他用户定义的完整性约束。

- 实体完整性约束。关系中元组的关键字不能为空且取值唯一。
- 引用完整性约束。在关系数据库中，关系与关系之间的联系是通过公共属性实现的。这个公共属性就是一个关系的键和另一个关系中相应的属性（称为外键）。
- 其他用户定义的完整性约束。用户定义完整性约束是针对某一具体数据的约束条件，它是由具体应用来确定的。它反映某一具体应用所涉及的数据必须满足的约束条件。

3.2.4　常用的关系数据库管理系统简介

关系数据库管理系统有很多，下面介绍常用的四种。

- Access：Microsoft公司研制的随Office套件一起发行的优秀的桌面型数据库管理系统。其网络功能相对简单，使用方便，可以满足日常办公的需要，可用于中小型数据库应用系统。
- SQL Server：Microsoft公司研制的网络型数据库管理系统，适用于大中型数据库应用系统。它的前身是PC平台中最早的关系数据库管理系统之——Sybase SQL Server。1998年，Microsoft推出最新版MS SQL Server 7.0，它具有与Windows NT集成、允许集中管理服务器、提供企业级的数据复制、提供平行的体系结构、支持超大型数据库、与OLE对象紧密集成的特点。随着NT在网络操作系统中地位的逐渐上升，它在客户机/服务器应用中起了相当重要的作用。SQL Server市场占有率最高，据有关方面对数据库技术人员的统计，其占有近50%的市场。

● Oracle：这是最早提出基于标准SQL数据库语言的关系数据库产品。1979年问世，它融会了数据库的各种先进技术，在小型机和微型机上的关系数据库系统领域占了重要位置。自5.0版起，支持客户/服务器和协同服务器。它是目前功能最强大的数据库管理系统，适用于大型数据库应用系统。

● DB2：这是IBM公司研制的关系型数据库管理系统。DB2能在所有主流操作系统平台上运行，在企业的应用非常广泛，在全球500强企业中有很高的市场占有率。

3.3 结构化查询语言SQL

SQL是处理关系数据库的标准语言，市场上的任何数据库产品都支持SQL。SQL是20世纪70年代早期在IBM研究所开发的，其大部分标准先在IBM的System R中实现，随后又在IBM公司的其他产品和其他公司的一些商品中实现。

SQL在关系数据库中占有重要的地位。它是数据库系统的通用语言，用户可以利用它用几乎同样的语句在不同的数据库系统上执行同样的操作。例如，"select * from 数据表名"表示从某个数据表中取出全部数据，在Oracle、SQL Server等关系数据库中都可以使用。SQL已被ANSI（美国国家标准化组织）确定为数据库系统的工业标准。

此外，SQL的影响也超出了数据库的领域，在其他领域也得到了极大的重视和采用。例如，把SQL的检索功能和图形功能与软件工程工具、软件开发工具相结合，能够开发出功能更强大的产品。

3.3.1 SQL概述

结构化查询语言是一种特殊目的的编程语言，是一种数据库查询和程序设计语言，用于存取数据以及查询、更新和管理关系数据库系统。同时，它也是数据库脚本文件的扩展名。

结构化查询语言是高级的非过程化编程语言，允许用户在高层数据结构上工作。它不要求用户指定对数据的存放方法，也不需要用户了解具体的数据存放方式，所以底层结构不同的数据库系统可以使用相同的结构化查询语言作为数据输入与管理的接口。结构化查询语言语句可以嵌套，这使它具有极大的灵活性和强大的功能。

1986年10月，美国国家标准协会对SQL进行规范后，以此作为关系式数据库管理系统的标准语言（ANSI X3. 135-1986）。1987年，在国际标准组织的支持下，它成为了国际标准。不过，各种通行的数据库系统在其实践过程中都对SQL规范作了某些编改和扩充。所以，实际上不同数据库系统之间的SQL不能完全相互通用。

1. SQL的语句结构

SQL的语句结构包含以下六个部分。

①数据查询语言（DQL：Data Query Language）：也称为"数据检索语句"，用以从表中获得数据，确定数据怎样在应用程序给出。保留字SELECT是DQL（也是所有SQL）中用得最多的动词，其他DQL常用的保留字有WHERE、ORDER BY、GROUP BY和HAVING。这些DQL保留字常与其他类型的SQL语句一起使用。

②数据操作语言（DML：Data Manipulation Language）：其语句包括动词INSERT、UPDATE和DELETE，它们分别用于添加、修改和删除表中的行，也称为动作查询语言。

③事务处理语言（TPL）：其语句能确保被DML语句影响的表的所有行及时得以更新。TPL语句包括BEGIN TRANSACTION、COMMIT和ROLLBACK。

④数据控制语言（DCL）：其语句通过GRANT或REVOKE获得许可，确定单个用户和用户组对数据库对象的访问。某些RDBMS可用GRANT或REVOKE控制对表单个列的访问。

⑤数据定义语言（DDL）：其语句包括动词CREATE和DROP。可在数据库中创建新表或删除表（CREAT TABLE 或 DROP TABLE），或是为表加入索引等。DDL包括许多与数据库目录中获得数据有关的保留字，也是动作查询的一部分。

⑥指针控制语言（CCL）：其语句主要用于对一个或多个表单独行的操作，如DECLARE CURSOR、FETCH INTO和UPDATE WHERE CURRENT等。

2. SQL的语言特点

- 一体化：SQL集数据定义DDL、数据操纵DML和数据控制DCL于一体，可以完成数据库中的全部工作。
- 使用方式灵活：它具有两种使用方式，既可直接以命令方式交互使用，也可嵌入使用，如嵌入到C、C++、FORTRAN、COBOL、Java等编程语言中使用。
- 非过程化：只提操作要求，不必描述操作步骤，也不需要导航。使用时只需要告诉计算机"做什么"，而不需要告诉它"怎么做"。
- 语言简洁，语法简单，好学好用：在ANSI标准中，只包含了94个英文单词，核心功能只用6个动词，语法接近英语口语。

 提示　1974年，在IBM公司圣约瑟研究实验室研制的大型关系数据库管理系统System R中，使用的是SEQUEL语言（由BOYCE和CHAMBERLIN提出），后来在SEQUEL的基础上发展了SQL语言。

3.3.2　数据定义语言

数据定义语言（Data Definition Language，DDL）是SQL语言集中负责数据结构定义与数据库对象定义的语言，由CREATE、ALTER与DROP三个语法所组成，最早是由

CODASYL（Conference on Data Systems Languages）数据模型开始，现在被纳入SQL指令中，作为其中的一个子集。目前，大多数的DBMS都支持对数据库对象的DDL操作，部分数据库（如PostgreSQL）可把DDL放在交易指令中，也就是它可以被撤回（Rollback）。较新版本的DBMS会加入DDL专用的触发程序，让数据库管理员可以追踪来自DDL的修改。

1. CREATE建表

CREATE负责数据库对象的建立，如数据库、数据表、数据库索引、预存程序、用户函数、触发程序或是用户自定型别等对象，都可以使用CREATE指令来建立，而根据各种数据库对象的不同，CREATE也有很多的参数。

CREATE TABLE<表名>（<列描述>）

语法1：CREATE TABLE <表名>（<列名><数据类型>[NULL|NOT NULL]，…，

[PRIMARYM KEY<关键字>，]

[FOREIGN KEY<外来关键字> REFERENCES<外来关键字所属表名>，…，]

[CHECK<校验条件>，]

[（SPACE<空间定义>）][PCTFREE n] |[cluster<簇名>（列名，…）]；

不同DBMS中的SQL语言，所支持的数据类型不完全一致，甚至同一厂家的SQL的不同版本在数据类型上也有差异。下面是一些常用的数据类型。

- char（n）：固定长度的字符串。
- varchar（n）：可变长字符串。
- int：整数。
- smallint：小整数类型。
- numeric（p，q）：定点数，小数点左边p位，右边q位。
- real：浮点数。
- double precision：双精度浮点数。
- date：日期（年、月、日）。
- time：时间（小时、分、秒）。
- interval：两个date或time类型数据之间的差。

【例1】建立学生表Student，表中有属性：学号Sno，姓名Sname，年龄Sage，性别Ssex，学生所在系Sdept。

CREATE TABLE Student

（Sno CHAR(6) NOT NULL QNIQUE，

Sname CHAR(8)，

Sage SMALLINT，

Ssex CHAR(2)，

Sdept CHAR(12))；

2. ALTER修改

ALTER 是负责数据库对象修改的指令，相对于CREATE需要定义完整的数据对象参数，ALTER则是依照要修改的幅度来决定使用的参数，因此使用上并不会太困难。

修改基本表定义（ALTER）的格式如下。

    ALTER　TABLE　表名

    [ADD　子句]　　　　　　--增加新列

    [DROP 子句]　　　　　　--删除列

    [MODIFY　子句]　　　　--修改列定义

【例2】在学生表Student中增加一班级列。

    ALTER TABLE Student

    ADD CLASS CHAR(8);

【例3】将学生表Student中姓名宽度改为20。

    ALTER TABLE Student

    MODIFY Sname CHAR(20);

3. DROP删除

DROP是删除数据库对象的指令，并且只需要指定要删除的数据库对象名称即可，在DDL语法中算是最简单的。

DROP TABLE <表名>

删除表后，对应的索引、视图将随之消失。有的DBMS要求在DROP TABLE之前，先用DELETE清空表中所有数据行。

【例4】删除学生表Student。

    DROP TABLE Student；

4. INDEX索引

索引的有关说明如下。

- 可以动态地定义索引，即可以随时建立和删除索引。
- 不允许用户在数据操作中引用索引。索引如何使用完全由系统决定，这支持了数据的物理独立性。
- 应该在使用频率高的、经常用于连接的列上建索引。
- 一个表上可建多个索引。索引可以提高查询效率，但索引过多会耗费空间，且降低插入、删除、更新的效率。

（1）索引的定义

格式：

CREATE　[UNIQUE/DISTINCT]　[CLUSTER]　INDEX　索引名

ON　表名　（列名 [ASC/DESC]　[，列名asc/desc]　…）

UNIQUE（DISTINCT）：唯一性索引，不允许表中不同的行在索引列上取相同值。

CLUSTER：聚集索引，表中元组按索引项的值排序并物理地聚集在一起。一个基本表上只能建一个聚集索引。

ASC/DESC：指定索引表中索引值的排序次序，ASC为升序，DESC为降序，默认为ASC。

【例5】在学生表Student的学号列上按升序建立唯一索引。

CREATE UNIQUE SSNO ON Student(Sno);

【例6】在学生表Student上按班级降序和年龄升序建立索引。

CREATE SCLASS-AGE ON Student(CLASS DESC,SAGE ASC);

（2）索引的删除

格式：

Drop index 索引名

【例7】删除学生表上建立的SSNO索引。

DROP INDEX SSNO；

3.3.3 数据操纵语言

通过数据操纵语言（Data Manipulation Language，DML）可以实现对数据库的基本操作，具体如下所述。

- 插入操作。把数据插入到数据库中指定的位置上去，如Append是在数据库文件的末尾添加记录，而INSERT是在指定记录前添加记录。
- 删除操作。删除数据库中不必再继续保留的一组记录，如DELETE对数据库中记录作删除标志。PACK是将标有删除标志的记录彻底清除掉，ZAP是去掉数据库文件的所有记录。
- 修改操作。修改记录或数据库模式，或在原有数据的基础上产生新的关系模式和记录，如连接操作Join和投影操作Projection。
- 排序操作。改变物理存储的排列方式，如SORT命令按指定关键字串把DBF文件中的记录排序。从物理存储的观点看，数据库发生了变化，但从逻辑的观点（或集合论观点看），新的关系与排序前是等价的。
- 检索操作。从数据库中检索出满足条件的数据，它可以是一个数据项、一个记录或一组记录，如BROWSE单元实现对数据的浏览操作，SELECT选出满足一定条件和范围的记录。

3.4 Access 2010的基本操作

Microsoft Office中的Access是一款优秀的关系型数据库应用程序，使用它可以开发出简洁高效、界面友好、功能强大的数据库管理系统。

3.4.1 数据库的创建

在使用Access开发数据库之前，需要先创建数据库，一个数据库中包含了表、查询、窗体、报表等任何可以用到的对象。这种组织结构与Excel中的工作簿包含多个工作表一样，只不过Access要更复杂一些。

在Access 2010中可以使用两种方法创建数据库，一种是快速创建数据库，可以使用

Access模板，这些模板都是Access预置的数据库，就像创建Word文档或Excel工作簿使用的模板一样；另一种方法是从头创建一个空白的数据库，然后根据需要重新开始设计表、创建查询、添加窗体、设计报表等工作。启动Access 2010后将会看到如图3-5所示的启动界面，它其实就是Access 2010"文件"面板在执行"新建"命令后显示的界面。

图3-5 启动界面

中间区域列出了可供用户选择的模板，上半部分是本地计算机中的模板，下半部分是微软官方网站Office.com上可供下载的模板。例如，可以单击上半部分中的"样本模板"选项，然后选择一种详细的模板，以此为基础来创建新的数据库，如图3-6所示。界面右侧会提供一个默认的数据库名称，用户可以修改这个名称。数据库的默认保存路径位于用户文件夹中，用户可以单击右侧的按钮重新选择其他位置。如果需要从"样本模板"类别导航到其他模板类别，可以单击中间区域顶部的文字"主页"，这个文字是可以单击的，类似超链接的导航内容。

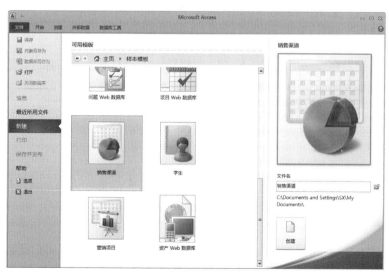

图3-6 使用模板创建数据库

如果希望从头开始创建空白数据库，那么可以单击模板主页中的"空数据库"选项，然后在右侧输入数据库的名称并选择保存位置，单击"创建"按钮，即可创建一个空白数据库。此时，Access会自动打开这个数据库，同时新建一个空白表，并在数据表视图中打开它，如图3-7所示。当在数据库中添加多个对象后，会在Access窗口左侧的导航窗格中看到其他对象。在右侧窗口中打开的多个对象会以选项卡的方式进行显示，通过单击不同对象的选项卡名称可以切换对象。

图3-7　新创建的空白数据库

3.4.2　数据库对象

Access比Word、Excel等应用程序要更复杂一些，因为它包含了很多对象。为了更好地使用Access，在最开始有必要对Access数据库对象进行一些简单的了解。Access中主要包含的对象有：表、查询、窗体、报表、页、宏、模块。

1. 表

表是Access中保存最底层数据的位置，用户输入的所有基本数据都存储在表中。数据表是表对象的视图之一，数据表的外观与Excel工作表非常类似，也是由行和列组成，行和列的交叉处表示一个具体的值。在表中可以输入任何数据，还可以查看或修改表中的内容。如果切换到设计视图，则可以对表的结构进行细致的设计。

2. 查询

Access数据库中包含了多个表，这些表之间都存在着一定的关系。查询可以从多个相关联的表中提取所需的数据。例如，有一个保存客户姓名和地址的表，以及一个保存客户订单详细信息的表。每天可能需要从这两个表中提取出客户订购商品的订单表，其中包含客户的姓名、订购商品的名称、价格以及给客户发货的地址。用户通过设置一定的条件来控制通过查询提取数据的范围，不同的查询会返回不同的结果，大大提高了查询的灵活性，而且可以通过查询提取出各种各样的数据。

3. 窗体

窗体可以给用户提供输入数据的界面，同时也可以用于在屏幕上输出信息。在窗体中定制用户输入界面，可以非常灵活地限制用户可访问的输入选项，这样可以强制用户输入某些内容，同时也禁止输入某些内容。

除了用于输入数据外，窗体还可以提供一个信息显示界面。通过在窗体中指定要显示的信息，可以很好地控制数据的隐私情况，因为可以将一些敏感数据隐藏起来，而只显示许可的内容。

4. 报表

报表可以认为是数据的输出结果。在使用查询从数据库中提取出符合指定条件的数据后，可以利用报表功能设计数据的输入方式，然后打印输出。最常见的关于报表的例子就是产品订购的订单。报表还可以在汇总数据的同时对数据进行计算，如求和。

5. 页

页可以让Access与Internet联系得更紧密。用户可以利用网页设计工具创建页，然后将数据库中的数据作为文件存放在网页发布程序指定的文件夹中或复制到网页服务器中，然后在因特网上发布信息。

6. 宏

宏是指一系列操作命令的有序集合，可以像录像一样对用户的操作进行录制，然后通过播放所录制的操作，来批量完成重复的工作，由此可提高工作效率。通过用户录制操作而生成的可播放动作，就是此处提到的"宏"。使用宏的一个原因是为了提高工作效率，其他原因是希望将多个操作组合到一起，即将一个复杂操作通过宏一步完成。宏还可以实现办公自动化操作，降低Office软件的操作难度，或是通过宏简化复杂操作，轻松完成各种任务。

7. 模块

编写的VBA代码都被保存在模块中。模块中包含了一个或多个过程，利用模块可以提高代码的重用性，并便于对代码进行组织与管理。

3.4.3 表的创建

表是Access数据库中其他操作的基础，因为表中包含了最基本的数据。数据库中的所有其他操作都是以表中的数据为依据的。因此，如何创建并设计表是Access中最为重要的一个环节。表设计包含大量的工作，除了输入并设置表中的字段外，还需要设置表的主键、索引。当数据库中包含多个表时，还需要建立表之间的关系。

1. 表的整体设计流程

创建表并不是一个简单的过程，需要多个步骤才能完成，具体操作如下。

01 在数据库中创建新表。

02 在表设计视图中输入所需的所有字段的名称，设置字段的数据类型及描述信息。

03 设置每个字段的属性。

04 设置表的主键，用以唯一区分表中的每一条记录。

05 设置表索引，用以加快数据排序等操作的速度。

06 保存整个表的设计结果。

2. 添加新表

添加新表有如下几种方法。

- 创建新数据库时会自动添加一张新的空白表。
- 启动Access后，单击功能区中的"创建"→"模板"→"应用程序部件"按钮，在弹出的菜单中选择一种表模板。
- 单击功能区中的"创建"→"表格"→"表"（或"表设计"）按钮。
- 将外部数据导入到数据库中创建表。

3.4.4 表的编辑与维护

设计好表结构后，接下来需要在表中输入数据，也就是添加记录。添加记录时需要注意设置了数据有效性规则的字段，如果输入的数据不符合规则，那么就会收到提示信息，需要重新输入数据。可以随时修改表中的数据，直接手工修改是其中的一种方法。如果要修改的数据太多，那么可以使用查找替换的方式进行批量修改。此外，还可以对表中的数据进行排序和筛选，从而便于查看和分析表中的数据。

1. 添加新记录

在完成表设计后，返回数据表视图，可以看到表中是不包含任何数据的，但是表顶部会显示每一列的字段名称。当数据表为空时，第一行的记录选择器会包含一个星号，表示这是一个新记录，如图3-8所示。

图3-8　空表

当表中包含数据后，新记录会出现在表的底部，如图3-9所示。单击功能区中的"开始"→"记录"→"新建"按钮，可以将鼠标指针移动到表底部最后一行的新记录中，然后输入新的记录数据。

图3-9 添加新记录

提示　　如果表中包含自动编号类型的字段，那么会在字段中显示"（新建）"，在这种字段中无法输入任何内容。可直接按【Tab】键将鼠标指针移动到下一个字段中，继续输入数据。Access会自动在编号字段中添加编号。

2. 保存记录

将鼠标指针移动到不同的记录上，即可保存已编辑好的记录。还可以使用以下方法保存编辑好的记录。

- 使用【Tab】键切换到其他字段，单击"导航"按钮。
- 单击功能区中的"开始"→"记录"→"保存"按钮。

提示　　只要记录选择器中的铅笔图标消失了，就说明记录已经被保存了。

3. 修改数据

当表中包含数据时，可以随时修改这些数据。其方法是单击单元格后使用【BackSpace】键或【Delete】键逐一删除字符并输入新的内容，或者直接选择单元格中的内容，然后输入新内容替换原有内容。使用以下方法可以直接选中单元格中的内容。

- 使用【Tab】键或方向键。
- 在鼠标变为一个大加号时单击值的左侧。
- 双击值的左侧。
- 单击单元格并按【F2】键。

4. 查找和替换数据

经常遇到需要在一个包含大量数据的表中修改某一类信息，例如，将"职业"字段中的"财务"全部改为"金融"。一个个手工修改相当麻烦，此时可以使用查找和替换功能。单击表中"职业"字段的任意一个单元格，然后单击功能区中的"开始"→"查找"→"替换"按钮或按【Ctrl+H】快捷键，打开"查找和替换"对话框，在"查找内容"文本框中输入"财务"，在"替换为"文本框中输入"金融"，如图3-10所示。

图3-10　查找和替换数据

 提示　由于只修改"职业"字段中的值，因此确保"查找范围"中选择的是"当前字段"，这样可以防止将其他字段中的"财务"二字替换掉。

设置好替换选项后，单击"全部替换"按钮，即可将"职业"字段中的所有"财务"修改为"金融"。

3.4.5　查询

在构建好数据库中包含底层数据的表后，就可以根据需要使用查询功能从不同的表中提取符合条件的数据，就像是一个向数据库提出问题并得到解答的过程。用户可以将查询得到的结果在窗体中显示或是通过报表打印输出。通俗地讲，查询就是一个可以将数据库中的数据转变为有用信息的工具或过程。

1. 什么是查询

查询的英文单词是query，意思是提问或者询问。所以，可以将查询理解为是在向数据库提出问题的过程。在Access中使用查询从数据库中提取数据，然后再将得到的结果保存为一个对象，可以只从一个表中提取数据，也可以同时从多个表中提取数据，使用哪种方式要看问题的复杂性以及数据的组织情况而定。在创建并运行一个查询后，Access会检索相关表中的数据并返回一个记录集，可以将这个记录集看作是表数据的一个子集，因为记录集中只包含了符合条件的一条或多条记录。

2. 查询的类型

Access支持以下不同类型的查询。

- 选择查询：通常创建的查询都是选择查询。该类型的查询是从一个或多个表中提取符合条件的数据，从而创建一个记录集。
- 汇总查询：汇总查询是选择查询的一个特殊类型，它可以对查询返回的记录进行求和或其他运算。
- 操作查询：操作查询允许创建一个新表或者更改查询涉及的表中的数据，包括追加、更新或删除等操作。
- 交叉表查询：交叉表查询可以用类似电子表格的交叉表形式显示总结数据，其中包含了表中字段的行、列标题。
- SQL：SQL用于高级数据库操作，通过编写SQL语句可以创建SQL查询。
- Top(n)查询：它可以指定从任何类型查询返回的记录数量或者记录百分比。

3. 了解记录集

Access将从查询中得到的结果称为"记录集"，其外观就像一个表，但事实上记录集就是动态的数据集合。查询返回的记录集并不保存在数据库中，在关闭查询时，记录集就会消失。虽然记录集本身并不存在，但是被查询提取出来的组成记录集的数据仍然存在于底层表中。在保存查询时，Access只保存查询的结构，而不保存查询返回的记录，这样做的优势很明显，可以减少磁盘占用空间，而且查询返回的结果总是最新的。

4. 创建简单查询

在Access中创建好底层表并输入好原始数据后，就为查询做好了准备。用户可以使用查询向导或自定义的方式来创建查询，这里介绍利用自定义方式创建查询的方法。单击功能区中的"创建"→"查询"→"查询设计"按钮，打开"显示表"对话框，选择要从中提取数据的表，如图3-11所示。

单击"添加"和"关闭"按钮，关闭"显示表"对话框，并将所选择的表添加到一个新建的查询中。查询设计窗口包含上下两部分，上半部分显示了查询来源的表，下半部分则用于设置查询的条件，如图3-12所示。

图3-11 选择表

图3-12 查询设计窗口

提示 右击查询中的表，从弹出的快捷菜单中执行"删除表"命令，可以将该表从查询中删除。

下半部分用于设置查询条件的窗口包含以下六项。

- 字段：输入或添加字段名称。
- 表：显示字段的来源表，用于多表查询。
- 排序：为查询设置排序选项。
- 显示：确定是否显示返回记录集中的字段。
- 条件：筛选返回记录的条件。
- 或：添加多重查询条件数行中的第一行。

本例添加到查询中的是"客户个人信息"表，需要查看年龄在30岁以上的所有客户信息，并将所有客户按年龄从大到小排列。创建查询的具体操作如下所述。

01 单击查询设计窗口下半部分的字段单元格右侧的下拉按钮，从下拉列表中选择"姓名"选项，然后在同行右侧的两个单元格中依次选择"年龄"和"职业"选项。

02 在"年龄"列中，将"排序"行对应的单元格设置为"降序"；在"条件"行对应的单元格输入"＞＝30"，如图3-13所示。

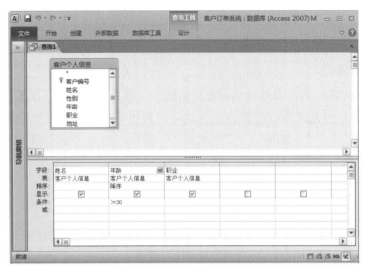

图3-13　输入查询条件

03 单击功能区中的"设计"→"结果"→"运行"按钮，将得到查询结果，如图3-14所示。如果要返回之前的查询设计窗口，可单击状态栏中的"设计视图"按钮。

图3-14　查询结果

5. 创建多表查询

只从一个表中提取数据的情况并不是最常见的，更普遍的是从数据库的多个表中提取数据。这是因为在设计表结构时，通常都会将数据分散到多个表中。所以，在提取数据时也需要从多个相关表中进行操作。

多表查询的操作方法与单表类似，只不过需要将多个表添加到查询中，然后从不同表中添加字段到查询中。如果要新建一个查询，可以在打开"显示表"对话框后，通过拖动鼠标或按住【Ctrl】键单击每一个表来选择多个表，这个操作与设置表关系时添加表的方法类似。

如果要在一个已经存在的查询中添加表，那么可以打开这个查询，然后在查询窗口中右击，在弹出的快捷菜单中执行"显示表"命令，之后的操作与前面所述相同。单击"添加"和"关闭"按钮后，将选择的多个表添加到查询中。与设置单表查询类似，依次在"字段"行中添加所需的字段。由于添加了多个表，因此在打开的字段列表中会以"表名+字段名"的形式显示字段名称，这样便于用户区别字段所属的表，如图3-15所示。设置好查询条件后，单击功能区中的"设计"→"结果"→"运行"按钮得到查询结果，图3-16所示的结果表示从"客户个人信息"和"商品订购信息"表中提取出年龄在30岁以上、购买商品数量不少于三件的所有客户信息。

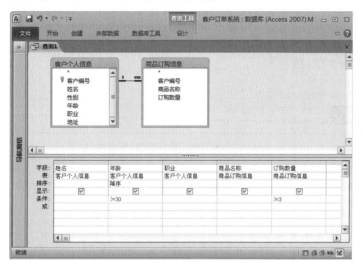

图3-15　多表查询条件

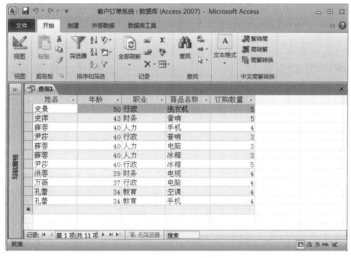

图3-16　多表查询结果

6. 保存查询

右击"查询"选项卡，从弹出的快捷菜单中执行"保存"按钮，如果是第一次保存查询，那么会要求提供查询的名称。输入一个名称并单击"确定"按钮，即可将查询保存到数据库中，但是保存的不是查询提取出的记录，而是查询中设置的条件。

3.4.6 数据的导入导出

执行"文件"→"导出"命令可以将数据以另一种文件格式（如文本文件、Excel格式等）保存在磁盘上。导入操作是导出操作的逆操作，使用的命令是"文件"→"获取外部数据"→"导入"。

本章小结

本章从数据库的基本概念与发展着手，介绍了与数据库系统有关的数据模型、关系数据库以及SQL语言，并针对Access 2010软件的基本操作进行了介绍。希望这些知识内容对读者的学习有所帮助。

习题

一、填空题

（1）数据的概念包括两个方面，其一是描述事物特性的数据内容；其二是存储在某一种媒体上的_____。

（2）数据模型一般分为"层次模型"、_____和_____。

（3）数据库管理系统的主要功能包括数据定义、数据操纵、_____和_____。

（4）关系代数的运算可分为_____、_____。

（5）在关系数据库中，完整性约束主要分为_____、_____、_____。

（6）常用的关系数据库管理系统有Access、_____、_____、_____。

（7）Microsoft Office中的Access是一款优秀的_____数据库应用程序。

（8）Access中主要对象有_____、_____、窗体、报表、页、宏、模块。

二、问答题

（1）什么是层次数据模型?

（2）什么是关系数据库，简述其特点。

（3）简述SQL的主要特点。

第 **4** 章

图像处理基础

本章导读▲

普通大众都有对美感的追求，对图片的美颜、美化修饰即是对美感追求的一种表现。因此，在现实生活中出现了很多专业用词：基础美颜、特效滤镜、动态贴纸、大眼瘦脸。

本章主要介绍如何使用Photoshop软件对图片进行基本编辑与美化操作。

本章要点

● Photoshop的应用

● Photoshop的操作环境

● 几个重要的概念

● 图层的使用

● 图像的基本操作

学习目标

Photoshop是Adobe公司开发的位图处理软件，在该软件十多年的发展历程中，始终以强大的功能、梦幻般的效果征服了一批又一批用户。现在，Photoshop已经成为全球专业图像设计人员必不可少的图像设计软件。下面就一起走进Photoshop的神秘世界吧!

4.1 Photoshop的应用

Photoshop主要用于平面设计、修复照片、影像创意设计、艺术文字设计、网页创作、建筑效果图后期调整、绘画模拟、绘制或处理三维贴图、婚纱照片设计及界面设计等领域。下面对Photoshop的主要应用领域进行详细的讲解。

4.1.1 CG绘画

大多数人都认为Photoshop是强大的图像处理软件，但是随着版本的升级，Photoshop在绘画方面的功能也越来越强大，图4-1所示是使用Photoshop绘制的作品。

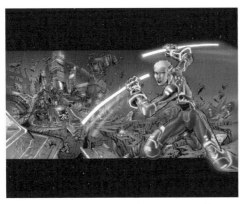

图4-1　使用Photoshop绘制的作品

4.1.2 创意合成

Photoshop的图像颜色处理和图像合成功能是其他软件所无法比拟的，图4-2所示是使用Photoshop合成的图像作品。

图4-2 使用Photoshop合成的作品

4.1.3 视觉创意

社会的发展离不开人们的想象力和创造力，设计则更加需要想象力，人们常说创意是设计师的生存之本，这句话并不过分。人们似乎总是喜新厌旧，很多人有时会有无法表达的苦恼，设计师也是如此，有时候无法将自己的想法很好地表现出来。

为了改变这种窘境，Photoshop作为图形图像处理的专家，不断地进行完善，为设计者的思想创意提供技术支持。图4-3所示是优秀的视觉创意作品。

图4-3 使用Photoshop制作的视觉创意作品

4.1.4 平面设计

平面设计领域所包含的子领域非常庞大。从广义来讲，只要是涉及静态视觉展示的都可以算得上是平面设计的类型，在此以平面广告为重点进行展示和讲解。

图4-4展示的是典型的酒类平面广告，这则广告在技术上十分简单，仅对素材图片进行了简单的处理并添加了一些文字，但表现出的广告效果却比较好。在制作这样的广告时，Photoshop主要用于修饰、处理图像，以及调整图像的颜色。

图4-5所示为食品广告，但在设计中使用了不少特效图像，在制作这样的广告时，Photoshop主要用于绘制或合成图像，以创建与众不同的视觉效果。

图4-4　酒类平面广告　　　　　　　　图4-5　食品广告

除了上面所展示的广告设计外，宣传册设计、包装设计、海报设计、形象标志设计等，也都属于平面设计领域。图4-6所示是一些相关的优秀作品展示。

图4-6　优秀设计作品

4.1.5　包装与书籍装帧设计

从某种角度来讲，包装设计也属于平面设计的一种，但是它通常在我们的生活或视线中是以立体的形式出现的。

包装在出现之初，仅仅是起到保护商品、便于运输的作用，但是发展到如今，包装更加起到了美化产品以及广告宣传的作用。

再从更广义的角度来看，书籍装帧设计可以说是较为特别的一类包装设计，因为封面的最初作用是为了保护书籍，现在增加了帮助读者理解书籍内容等功能。

在包装与书籍装帧设计领域中，Photoshop扮演了一个十分重要的角色。图4-7所示是一些优秀的包装设计作品。

图4-7　包装设计作品

 ### 4.1.6　数码相片处理

随着计算机、数码相机和智能手机的普及，越来越多的人选择使用数码相机或智能手机进行拍摄。但是与专业相机相比，数码相机拍摄出来的照片存在着一些不足，而人们对审美的要求也日益增加，因此，数码照片的处理与修饰工作也成为许多数码爱好者迫切希望掌握的技术。在这个领域，Photoshop是当之无愧的王者，图4-8所示是使用Photoshop处理照片前后的对比效果。

图4-8　数码照片处理

4.1.7　网页创作

随着网络技术的不断发展，越来越多的人用上了互联网，网页也越来越多地为人所熟悉。网页设计与制作目前已经是一个比较成熟的行业。互联网中每天都诞生上百万的网页。实际上，最初的网页设计人员大多是从事平面工作的设计师，网页作品中的大多数都遵循了平面设计的一些法则。随着软件的不断更新与完善，大多数网页设计师都遵循使用Photoshop进行页面设计、使用Dreamweaver进行页面生成的基本流程。将平面设计与网页设计软件结合使用，可达到事半功倍的效果。图4-9所示是两幅使用Photoshop设计的、比较优秀的网页作品。

图4-9　网页创作作品

4.2　Photoshop的操作环境

4.2.1　工作界面

当启动Photoshop后，首先映入人们眼帘的就是它的工作界面。Photoshop的操作界面较为人性化，通过进行不同的设置，可以使软件操作习惯不同的读者在使用软件时都能够感到得心应手，其界面如图4-10所示。

图4-10　Photoshop工作界面

通过图4-10可以看出，完整的操作界面由视图控制栏、菜单栏、工具箱等部分组成，下面将分别对这些组成部分进行讲解。

1. 视图控制栏

此控制栏主要用于控制当前操作图像的查看方法，如显示比例、屏幕显示模式、文件窗口摆放方式、界面预设功能等。

2. 菜单栏

在Photoshop的菜单栏中共有11类、近百个菜单命令。利用这些菜单命令，既可完成复制、粘贴等基础操作，也可以完成调整图像颜色、变换图像、修改选区、对齐分布链接图层等较为复杂的操作。

3. 工具箱

工具箱与菜单栏、面板一起构成了Photoshop的核心，是不可缺少的工作手段。Photoshop的工具箱中共有上百个工具可供选择，使用这些工具可以完成绘制、编辑、观察和测量等操作。

4. 操作文件

操作文件即当前正在进行处理的图像文件。

5. 状态栏

状态栏提供当前文件的显示比例、文件大小、内存使用率、操作运行时间和当前工具等提示信息。

6. 工具选项条

工具选项条是工具箱中工具的功能延伸，通过适当设置工具选项条中的选项，不仅可以有效增加工具在使用时的灵活性，而且能够提高工作效率。

7. 面板

利用Photoshop中的各种面板，可以进行显示信息、控制图层、调整动作和控制历史记录等操作。面板是Photoshop中非常重要的组成部分。

4.2.2 工具箱

工具箱包含了图像处理操作中常用的大多数工具，这些工具的使用频率都非常高，对工具箱中各种工具的学习就是学习Photoshop的一个重点内容。因此掌握工具箱中工具的使用方法以及应用范围十分重要。正确、快捷的使用方法，特别是对快捷键的运用能够加快操作速度，从而提高工作的效率。下面介绍Photoshop中与工具箱相关的基本操作。

1. 伸缩工具箱

工具箱的伸缩功能主要由位于工具箱顶部呈灰色显示的伸缩栏控制。打开伸缩栏可以点击工具箱顶部的两个小三角块，如图4-11所示。

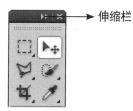

图4-11 工具箱

2. 激活工具

激活工具简单地说就是选择此工具。当需要使用工具箱中的某种工具进行操作时，可以在工具箱中直接单击此工具或直接按所要选择工具的快捷键，这是工具的两种激活方法。对于熟练的操作者，推荐使用快捷键。

3. 显示工具的热敏菜单

Photoshop中的所有工具都具有热敏菜单，通常情况下，热敏菜单处于隐藏状态，当光标在工具上停留一定的时间，热敏菜单即可显示。

通过观察热敏菜单，可以查看工具的快捷键和正确名称。使用热敏菜单可以有效地利用界面的空间，同时也可清楚地说明问题。例如，"套索工具" 的热敏菜单如图4-12所示。

4. 显示隐藏的工具

在工具箱中看到的工具并非全部的工具，大部分工具仅仅是这一类工具中的一个，区分其是否含有隐藏工具的方法为：观察工具图标，在其右下角有黑色三角形的，则表明有隐藏工具。

显示隐藏工具的方法较为简单，将光标放在带有隐藏工具的图标上单击，即可显示隐藏的工具。图4-13所示为单击"套索工具" 所显示出的隐藏工具。

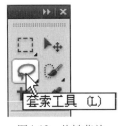

图4-12　热敏菜单　　　　　　图4-13　显示隐藏的工具

4.2.3　面板

面板是Photoshop中非常重要的组成部分，通过单独使用面板命令或各类快捷键与面板命令的结合使用，可迅速完成大多数软件操作，从而提高工作效率。

在Photoshop中，面板也可以进行伸缩调整，其操作方法和使用工具箱类似。直接单击面板顶部的伸缩栏即可进行切换，对于已展开的面板，单击其顶部的伸缩栏，可以将其收缩成为图标状态，如图4-14所示。

反之，单击未展开的面板顶部的伸缩栏，则可以将该栏中的面板全部都展开，如图4-15所示。

如果要切换至某个面板，可以直接单击其标签名称，如果要隐藏某个已经显示出来的面板，可以双击其标签名称。

通过这样的调整操作，可最大限度地节省界面空间，方便观察与绘图。

图4-14　收缩面板　　　　　　　　图4-15　展开面板

4.3　几个重要的概念

本节主要讲解Photoshop中的一些重要基础概念，理解这些概念对于以后的学习能够起到事半功倍的作用。

4.3.1　选区

在Photoshop中，选区用于确定操作的有效区域，从而使每一项操作都有针对性地进行。例如，对于图4-16所示的原图像而言，图像的中央有一个椭圆形选区，在进行晶格化操作后，会发现只有选区内的图像发生了变化，而选区外部则无变化，如图4-17所示，这充分证明选区约束了操作发生的有效范围。

图4-16　原图建立选区　　　　　　图4-17　选区内发生了变化

较为简单的创建选区的工具有"矩形选框工具" ⬚ 、"椭圆选框工具" ◯ 等。要使用这些工具创建选区，只要在工具箱中选择相应的工具图标，然后单击鼠标左键，在画面上进行拖动，得到满意的选区形状后，释放鼠标左键即可。

4.3.2　图层

图层是Photoshop的核心功能，几乎所有的操作都围绕着图层来进行，因此其重要性绝对不可忽视。图层源于传统绘画，类似于制图时使用的透明纸，制作人员将不同的图像分别绘制在不同的透明纸上，然后相互叠加，即可得到最终效果。这样做的好处在于，如果需要对图像进行修改，只要分别在透明纸上修改即可。

与透明纸的使用原理一样，在Photoshop中使用图层，可以按照分层的方式将图像的各个部分分别绘制在不同的图层上。每个图层相互独立但又彼此联系，既可单独编辑修改，又可以相互叠加形成不同效果。完成操作后，将所有图层叠加在一起，就会得到最终效果，也可以有选择地删除或隐藏一些图层，以得到不同的效果。所以，图层可以被简单理解为一张张绘有图像的透明薄膜。当然，随着学习的深入，将会发现图层的功能远比透明纸更加丰富、强大。

图4-18所示为一幅由三个图层组成的简单图像，图4-19所示为此图像的分层示意图。

图4-18　由三个图层组成的简单图像

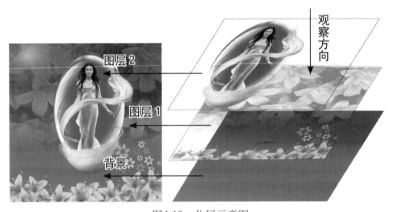

图4-19　分层示意图

4.3.3　通道

Photoshop采用特殊通道存储图像颜色信息和专色信息。

打开一幅新图像时，Photoshop会自动创建颜色信息通道，所创建的颜色通道的数量取决于图像的颜色模式，例如，RGB图像有红、绿、蓝及RGB合成通道，共4个默认通道，如图4-20所示。

通道最大的优点在于可以创建自定义的Alpha通道，用于制作使用其他工具无法得到的选择区域，而且通道与选择区域可以相互转换，灵活使用通道可以得到许多超乎想象的精美效果。

图4-20 图像的通道

图4-21所示为创建的Alpha通道，图4-22所示为对此通道的选区进行描边操作后得到的效果。

图4-21 创建的Alpha通道

图4-22 描边效果

4.4 图层的使用

4.4.1 认识"图层"面板

在Photoshop中对图层的各种操作都是通过"图层"面板来实现的，因此掌握"图层"面板的基本操作尤其重要。执行"窗口"→"图层"命令或按【F7】键，即可打开"图层"面板，如图4-23左图所示。

下面介绍"图层"面板的组成。

- 图层混合模式：在此下拉列表中可以设置当前图层的混合模式。
- "不透明度"：在此数值框中输入数值可以控制当前图层的透明属性。数值越小，则当前图层越透明。
- "锁定"按钮组 ⊠✓✛🔒：从左至右分别是"锁定透明像素"按钮⊠、"锁定图像像素"按钮✓、"锁定位置"按钮✛、"锁定全部"按钮🔒，分别用于控制图层的"透明区域可编辑性""编辑"和"移动"等图层属性。

- "填充"：用于设置图层的内部不透明度。
- 眼睛图标 👁：用于显示或隐藏图层，单击此图标可以控制当前图层的显示或隐藏状态。
- 图层名称：新建图层时Photoshop会自动依次命名为"图层1""图层2"，以此类推。为了便于区分，可以对其重新命名。
- 图层缩览图：在图层名称的左侧有一个图层缩览图，显示了当前图层的内容。通过它可以快速识别每一个图层，以便对图层中的图像进行编辑和修改。
- 面板菜单按钮 ▤：单击该按钮将打开"图层"面板的快捷菜单，以便对图层执行各种操作，如图4-23右图所示。
- "链接图层" 🔗：在选择多个图层的情况下，单击此按钮可以将选中的图层链接起来，以便对图层中的图像执行移动、对齐、缩放等操作。
- "添加图层样式" fx：单击此按钮会弹出"图层样式"下拉菜单，从中选择相应的图层样式命令，即可为当前图层添加图层样式。
- "添加图层蒙版" ▢：单击此按钮，可以为当前图层添加图层蒙版。
- "创建新的填充或调整图层" ◑：单击此按钮，可以在弹出的菜单中为当前图层创建新的填充或调整图层。
- "创建新组" ▢：单击此按钮，可以新建一个图层组。
- "创建新图层" 🗍：单击此按钮，可以创建一个新的空白图层。
- "删除图层" 🗑：单击此按钮，在弹出的提示对话框中单击"是"按钮，即可删除当前选中的所有图层。

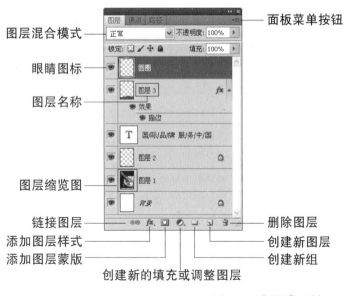

图4-23　"图层"面板

 ### 4.4.2　图层的基本操作

任何一个成功的设计作品，都是由多个图层组成的，因此要熟练掌握好图层的基本操作，如新建图层、复制图层、删除图层、图层的显示或隐藏、链接图层，以及排列、对齐与分布图层等。

1. 新建图层

新建图层是Photoshop中极为常用的操作，一般有如下几种方法。

（1）通过菜单命令创建图层

执行"图层"→"新建"→"图层"命令，或单击"图层"面板右上角的■按钮，从弹出的快捷菜单中执行"新建图层"命令，这时会打开"新建图层"对话框，如图4-24所示。完成设置后，单击"确定"按钮，即可创建一个新的图层。

"新建图层"对话框中各参数含义如下所述。

- "名称"：设置新图层的名称（若不设置，则按默认的名称"图层1""图层2"的顺序来命名）。
- "颜色"：在该下拉列表中选择一种颜色，以定义新图层在"图层"面板中显示的颜色。用于区分多个图层，对图像没有任何影响。
- "模式"：在该下拉列表中可以为新图层选择一种图层混合模式。
- "不透明度"：设置图层的不透明度。

（2）用按钮创建图层

单击"图层"面板底部的"创建新图层"按钮■，即可创建一个新图层，如图4-25所示。这也是创建新图层最常用的方法。

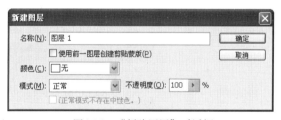

图4-24　"新建图层"对话框

图4-25　单击"创建新图层"按钮

（3）通过复制和剪切创建图层

在有选区存在的情况下，执行"图层"→"新建"→"通过拷贝的图层"或"通过剪切的图层"命令，可以将当前选区中的图像复制（快捷键为【Ctrl+J】）或剪切（快捷键为【Shift+Ctrl+J】）至一个新的图层中。

下面介绍如何通过剪切来创建新图层。由于复制与剪切方法类似，这里就不再介绍了。

打开一个图像文件，使用"快速选择工具"■在图像中创建选区，如图4-26所示。然后按快捷键【Shift+Ctrl+J】，剪切选区内的图像并粘贴到一个新的图层中，如图4-27所示。可以看到，由于执行了剪切操作，背景图层上的图像被删除，并使用前景色（白色）进行填充。

图4-26　创建选区

图4-27　剪切并粘贴选区中的图像

（4）由背景图层创建新图层

双击背景图层或执行"图层"→"新建"→"背景图层"命令，打开"新建图层"对话框，如图4-28所示。单击"确定"按钮即可将背景图层转换为普通图层，默认为"图层0"，如图4-29所示。

图4-28　"新建图层"对话框　　　　　　　　　图4-29　转换为普通图层

此命令是一个可逆操作，即执行"图层"→"新建"→"图层背景"命令，又可将当前选中的图层转换为不可移动的背景图层。

2. 复制图层

复制图层可以在同一图像文件中或不同图像文件中进行。

（1）在同一图像文件中复制图层

在同一图像文件中复制图层，也就是为该图层创建副本，其操作方法如下所述。

01 在"图层"面板中选择要复制的一个或多个图层。

02 将其拖曳至面板底部的"创建新图层"按钮 上即可。复制的图层将出现在被复制的图层的上方，并自动命名为"××副本"，如图4-30所示。

也可以执行"图层"→"复制图层"命令，或在"图层"面板菜单中执行"复制图层"命令，在弹出的"复制图层"对话框中设置参数，如图4-31所示，即可复制图层。

图4-30　复制的图层副本

图4-31　"复制图层"对话框

（2）在不同的图像文件中复制图层

在不同的图像文件中复制图层，是将某个图像中的某一图层复制到另一个图像中，其操作方法如下所述。

同时打开两个图像文件，使用"移动工具" 将"图层"面板中要复制的图层拖曳至另一文档窗口中即可，如图4-32所示。或者在要复制的文档窗口中按下鼠标左键，将其拖曳到另一个文档窗口中。

图4-32　在不同的图像文件中复制图层

3. 删除图层

没有用的图层可以删除，以减小图像文件的大小。删除图层常用的方法如下所述。

方法1：选中要删除的一个或多个图层，将其拖曳至"图层"面板底部的"删除图层"按钮 🗑 上即可。

方法2：选中要删除的一个或多个图层，单击"图层"面板底部的"删除图层"按钮，则打开提示对话框，如图4-33所示，单击"是"按钮即可删除图层，单击"否"按钮则取消删除图层。

图4-33　提示对话框

4. 图层的显示或隐藏

图像的最终效果是由多个图层相互重叠在一起显示的效果，通过显示或隐藏某些图层，可以改变这种叠加效果，而只显示所希望看到的图层。如果某个图层是可见的，那么在该图层的左侧会有一个"眼睛"图标 👁 。在"图层"面板中，单击图层左侧的"眼睛"图标 👁 即可隐藏该图层，如图4-34所示。再次单击又可重新显示该图层。

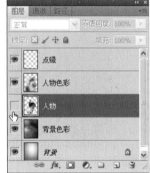

图4-34　显示或隐藏图层

5. 链接图层

利用图层的链接功能可以方便地移动、复制和对齐多个图层图像，并同时对多个图层中的图像进行旋转、翻转和自由变形。

选中要链接的两个或两个以上的图层，然后单击"图层"面板底部的"链接图层"按钮 🔗 即可，如图4-35所示。如果要取消图层链接状态，可以在链接图层被选中的状态下，单击"链接图层"按钮 🔗 ，即可将链接的图层解除链接。

图4-35　链接图层

当一个图层被设为链接图层后，在图层名称的后面会出现"链接符号" 。当选择链接图层中的任一图层进行移动、缩放和旋转时，所有链接图层中的图像将随之一起发生移动、缩放和旋转，但当前编辑的图层只有一个。

6. 图层的排列、对齐与分布

（1）图层的排列

图层的排列顺序是图层出现在"图层"面板中的次序。图层的排列顺序不同，图像效果也会不同。调整图层的排列顺序有如下两种方法。

方法1：在"图层"面板中选择要调整顺序的图层，按下鼠标左键将其向上或向下拖动到适当的位置并释放，即可完成图层顺序的调整，如图4-36所示。

（a）　原图

（b）　将"花冠"图层移至"人物"图层下方的效果

图4-36　图层的排列

方法2：选中要改变顺序的图层为当前图层，然后执行"图层"→"排列"命令，在弹出的子菜单中选择相应的命令即可，如图4-37所示。

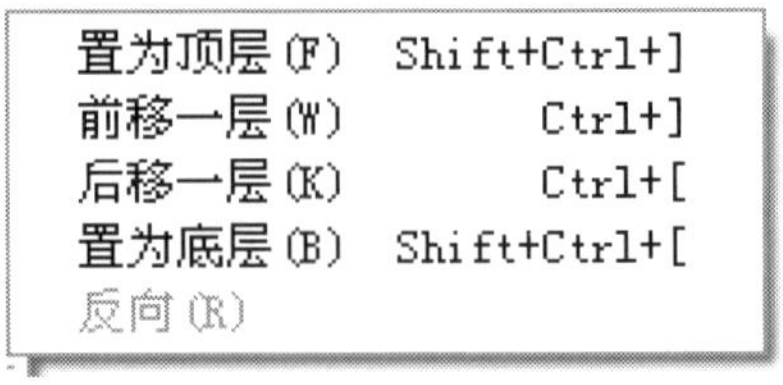

置为顶层(F)　Shift+Ctrl+]
前移一层(W)　　　　Ctrl+]
后移一层(K)　　　　Ctrl+[
置为底层(B)　Shift+Ctrl+[
反向(R)

图4-37　"排列"命令子菜单

按快捷键【Shift+Ctrl+]】，可将当前图层移到最顶层；按快捷键【Ctrl+]】，可将当前图层往上移一层；按快捷键【Shift+Ctrl+[】，可将当前图层移到最底层；按快捷键【Ctrl+[】，可将当前图层往下移一层。

（2）图层的对齐

执行"图层"→"对齐"命令下的子菜单命令，可以将所有选中或链接图层的内容与当前操作图层的内容相互对齐。

另外一个比较快捷的方法就是，选择"移动工具"并在其工具选项条中单击对应的按钮，线框中的按钮如图4-38所示。

图4-38　对齐按钮组

对齐按钮的功能如下所述。

● "顶对齐" ：将所有选中或链接图层顶端的像素与当前图层最顶端的像素对齐，或者与选区边框的顶端对齐。

● "垂直居中对齐" ：将所有选中或链接图层垂直方向的中心像素与当前图层垂直方向的中心像素对齐，或者与选区边框的垂直中心对齐。

● "底对齐" ：将所有选中或链接图层的最底端像素与当前图层的最底端像素对齐，或者与选区边框的底边对齐。

● "左对齐" ：将所有选中或链接图层的最左端像素与当前图层的最左端像素对齐，或者与选区边框的左边对齐。

● "水平居中对齐" ：将所有选中或链接图层水平方向的中心像素与当前图层水平方向的中心像素对齐，或者与选区边框的水平中心对齐。

● "右对齐" ：将所有选中或链接图层的最右端像素与当前图层的最右端像素对齐，或者与选区边框的右边对齐。

图4-39所示为未对齐的图像效果及"图层"面板，图4-40所示为"垂直居中对齐"后的效果。

图4-39 未对齐的图像效果及"图层"面板

图4-40 "垂直居中对齐"后的图像效果

（3）图层的分布

执行"图层"→"分布"命令下的子菜单命令，可以平均分布所有选中或链接图层。当然，也可以在"移动工具"选项条中单击对应的按钮，快速完成分布图像的操作，如图4-41所示。

图4-41 分布按钮组

分布按钮的功能如下所述。

- "按顶分布"：从每个图层最顶端的像素开始，均匀分布各选中或链接图层，使它们最顶边的像素间隔相同的距离。
- "垂直居中分布"：从每个图层垂直居中像素开始，均匀分布各选中或链接图层，使它们垂直方向的中心像素间隔相同的距离。
- "按底分布"：从每个图层最底端的像素开始，均匀分布各选中或链接图层，使它们最底端的像素间隔相同的距离。
- "按左分布"：从每个图层最左端的像素开始，均匀分布各选中或链接图层，使它们最左端的像素间隔相同的距离。
- "水平居中分布"：从每个图层水平居中像素开始，均匀分布各选中或链接图层，使它们水平方向的中心像素间隔相同的距离。
- "按右边分布"：从每个图层最右端的像素开始，均匀分布各选中或链接图层，使它们最右端的像素间隔相同的距离。

4.5 图像的基本操作

4.5.1 图像大小

图像的质量好坏与图像的分辨率和尺寸大小有着密切的关系。图像分辨率越高，单位尺寸中所含有的像素数目越多。也就是说，图像的信息量就越大，文件也就越大。

同样大小的图像分辨率越高，图像越清晰。在像素数目固定的情况下，当分辨率变动时，尺寸也必定跟着改变；同样，图像尺寸变动时，分辨率也必定随之变动。但是，在实际中，通常需要在不改变分辨率的情形下调整图像尺寸，或者是固定尺寸而增减分辨率，像素数目也就会随之改变。当固定尺寸而增加分辨率时，Photoshop必定会增加像素数目；反之，当固定尺寸而减少分辨率时，则会删除部分像素。这时，PPI就会在图像中重新取样，以便在失真最少的情况下增减图像中的像素数目。

无论是改变图像尺寸、分辨率还是增减像素数目，都要使用"图像大小"对话框来完成。执行"图像"→"图像大小"命令，打开"图像大小"对话框，如图4-42所示。

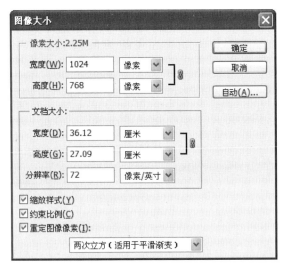

图4-42　"图像大小"对话框

- "像素大小"：用于显示图像的宽度和高度的像素值，在文本框中可以直接输入数值进行设置。若在其右侧的下拉列表中选择"百分比"选项，则以占原图的百分比为单位显示图像的宽度和高度。
- "文档大小"：用于更改图像的宽度、高度和分辨率，可在文本框中直接输入数字进行更改，其右侧的下拉列表框可设置单位。
- "缩放样式"：选择该选项后，对图像进行放大或缩小时，当前图像中所应用的图层样式也会随之放大或缩小，从而保证缩放后的图像效果保持不变。
- "约束比例"：选中此复选框可约束图像高度与宽度的比例，即改变宽度的同时高度也随之改变。当取消选中该复选框后，"宽度"和"高度"区域的"连接符"会消失，表示高度与宽度无关，即改变任一项的数值都不会影响另一项。

- "重定图像像素"：选择此复选框后，改变图像尺寸或分辨率时，图像的像素数目会随之改变。因此需要在"重定图像像素"下拉列表中选择一种插入像素的方式，即在增加或减少像素数目时，在图像中插入像素的方式。其中包括5个选项，其含义如下所述。

    ◆ "邻近（保留硬边缘）"：使用这种方式插补像素时，Photoshop会以邻近的像素颜色插入，其结果较不精确。这种方式会造成锯齿效果，在对图像进行扭曲（或缩放）时或在选取范围执行多项操作时，锯齿效果会变得更明显，但是执行速度较快，适用于没有色调的线型图。

    ◆ "两次线性"：此方式介于"邻近"与"两次立方"之间。若图像放大的倍数不高，其效果与两次立方相似。对于中等品质的图像可以使用此方式。

    ◆ "两次立方（适用于平滑渐变）"：选择此选项，在插补像素时会依据插入点像素颜色转变的情况插入中间色。此方式可得到最平滑的色调层次，但是执行速度较慢。

    ◆ "两次立方较平滑（适用于扩大）"：要放大图像时可以使用此方式。

    ◆ "两次立方较尖锐（适用于缩小）"：要缩小图像大小可使用此方式。此方法在重新取样后的图像中保留细节，但可能会过度锐化图像的某些区域。

4.5.2　画布大小

　　画布是指绘制和编辑图像的工作区域，也就是图像显示区域。使用"画布大小"命令可以在图像的四边增加指定颜色的空白区域，或者裁剪掉不需要的图像边缘。

　　执行"图像"→"画布大小"命令，弹出"画布大小"对话框，如图4-43所示。

- "当前大小"：该选项组显示了当前图像画布的实际大小。
- "新建大小"：该选项组用于设置新的画布尺寸。当该值的设置大于原图大小时，Photoshop就会在原图的基础上增加画布区域，如图4-44所示；当该值的设置小于原图大小时，Photoshop就会将缩小的部分裁剪掉。

图4-43　"画布大小"对话框

图4-44　增加的画布区域

- "相对"：选中此复选框时，在"宽度"及"高度"文本框中显示了图像新尺寸与原尺寸的差值，此时在"宽度""高度"数值框中输入正值为放大图像画布，输入负值为裁剪图像画布。

● "定位"：单击"定位"框中的箭头，可确定图像在新的画布中的位置。默认选项为中间方块，表示扩展画布后图像将出现在画布的中央。该选项非常重要，它决定了新画布和原来图像的相对位置。图4-45所示分别是将定位设置到不同位置时所获得的画布扩展效果。

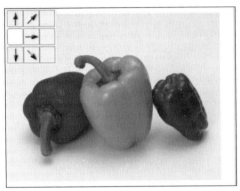
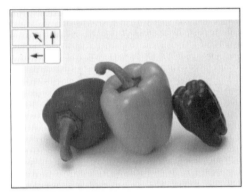

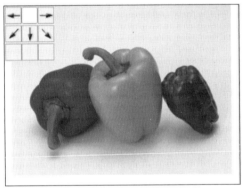

图4-45　画布扩展效果

● "画布扩展颜色"：单击 按钮，弹出如图4-46所示的下拉列表，在此可以选择扩展画布后新画布的颜色。也可以单击其右侧的"色块"按钮□，在弹出的"拾色器"对话框中选择一种颜色。

图4-46　"画布扩展颜色"下拉列表

4.5.3 图像旋转

在Photoshop中,如果要对整个图像进行旋转和翻转操作,可以使用"图像"→"图像旋转"子菜单中的命令来完成,如图4-47所示。"图像旋转"命令可以旋转或翻转整个图像,但不能对图像中选定的区域或图层进行操作。因此,即使在图像中选取了范围,旋转或翻转操作仍然是对整个图像进行的。

图4-47 "图像旋转"菜单子命令

- "180度":执行该命令可将整个图像旋转180°。
- "90度(顺时针)"/"90度(逆时针)":执行该命令可将整个图像顺时针或逆时针旋转90度。
- "任意角度":执行该命令将弹出"旋转画布"对话框,如图4-48所示,可以自由设置旋转的角度和方向,角度的范围为-359.99~359.99。

图4-48 "旋转画布"对话框

- "水平翻转画布"/"垂直翻转画布":将整个图像水平或垂直翻转。

打开一幅图像,分别对其执行"图像旋转"子菜单中的命令,效果如图4-49和图4-50所示。

原图

180°

90°(顺时针)

图4-49 图像旋转效果-1

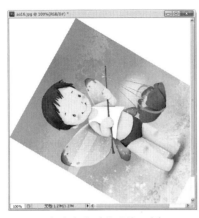

任意角度（逆时针60度）　　　　水平翻转画布　　　　垂直翻转画布

图4-50　图像旋转效果-2

本章小结

　　本章从Photoshop的应用领域着手，介绍了Photoshop软件的操作环境、Photoshop的几个重要概念、图层的使用和图像的基本操作等基础知识。如果读者想学习更多关于Photoshop的内容，请自行查阅相关专业书籍。

习题

一、填空题

　　（1）图像质量的好坏与_____、_____有很大的关系，_____越高，图像就越清晰，而图像文件所占用的_____也就越大。

　　（2）在默认设置下，对于初始分辨率_____的图像，如果将其设置为_____的分辨率，并不会改善图像的显示质量，只会增加文件的大小；对于初始分辨率_____的图像，如果将其设置为_____的分辨率，会缩小文件的大小，而不会影响图像的质量，因此这种方法常用于优化Web图像。

　　（3）Photoshop的_____中包括了大量功能强大的工具，使用这些工具可以对图像进行各种处理操作，是处理图像的好帮手。

　　（4）使用"窗口"菜单下的"_____"命令可以显示或隐藏工具箱。

二、简述题

　　（1）简述选区的基本概念。

　　（2）简述通道的基本概念。

　　（3）对图层可进行的基本操作有哪些？

第5章

动画设计基础

本章导读 ◢

　　动画的概念不同于一般意义上的动画片。动画是一种综合艺术，它是集合了绘画、电影、数字媒体、摄影、音乐、文学等众多艺术门类于一身的艺术表现形式。动画最早发源于19世纪上半叶的英国，兴盛于美国，中国动画起源于20世纪20年代。动画是一门年轻的艺术，是一门有确定诞生日期的艺术。

　　如何进行动画的设计与制作？本章将带你进入一个神奇的动画世界。

本章要点
- Flash的应用
- Flash的操作环境
- 时间轴、帧与图层
- Flash的基础动画
- 元件和库

学习目标

随着计算机技术的不断进步及网络的迅速传播，人们对动画的需要不断升级，传统的动画制作方式已不能满足社会的需要，Flash的出现及时缓解了这一现象。简单的操作，强大的功能，使越来越多的人都喜欢使用Flash进行创作，Flash已经成为动画制作中不可缺少的一员。

5.1 Flash**的应用**

Adobe Flash CS6 Professional是Flash家族中的新成员，它不但在动画创建和编辑功能上进行了增强，还加强了Flash在网络、多媒体方面的应用功能，使Flash及其开发的产品能够适用于一个更为广阔的领域。

与其他的动画设计软件相比，Flash有其独特的特点。下面介绍Flash动画的特点及其应用领域。

1. Flash**动画的特点**

Flash动画作为一种流行的动画格式，具有受制约性小、交互性强、便于传播、制作成本低和便于维护版权等特点。下面介绍Flash动画的特点。

- 受制约性小：使用Flash制作的动画是矢量的，所以无论把它放大多少倍都不会失真，这便于在任意大小的屏幕上观看。
- 交互性强：ActionScript动作和组件的应用，可以为Flash动画添加交互动作。用户可以通过单击、选择等动作决定动画的运行，还可以在动画中填写数据并进行提交，这是传统动画所无法比拟的。
- 便于传播：Flash动画使用的是矢量图技术，具有文件小、传输速度快，播放采用流式技术的特点，因此可以边下载边播放。如果网络速度够快，则根本感觉不到文件的下载过程。所以，Flash动画非常适合在网络上传播。

- 制作成本低：与传统动画相比较，Flash动画的要求很低，往往一个人或者几个人就可以完成一部Flash动画的制作，成本非常低。使用Flash制作动画不但能减少人力、物力资源的消耗，同时，在制作时间上也会大大减少。

- 便于维护版权：Flash动画在制作完成后，可以生成带保护的文件格式，维护设计者的版权利益。

2. Flash的应用领域

随着Flash功能不断增强，其应用领域也越来越多。目前，Flash的应用领域主要有以下几个方面。

- 网页广告：一般的网页广告都具有短小、精悍、表现力强等特点，而Flash恰到好处地满足了这些要求。因此，Flash在网页广告的制作中得到广泛的应用。图5-1所示是网页中的女鞋广告。

图5-1　Flash网页广告

- 网络动画：由于用Flash制作的作品非常适合在网络环境下的传输，也使Flash成为网络动画的重要制作工具之一。图5-2所示是一个网络音乐动画。

图5-2　Flash制作的网络动画

- 在线游戏：利用Flash中的ActionScript语句可以编写一些游戏程序，再配合Flash的交互功能，能使用户通过网络进行在线游戏。图5-3所示是一个使用Flash制作的在线射击游戏。

● 多媒体教学：Flash素材的获取方法很多，这也为多媒体教学提供了更易操作的平台，目前已被越来越多的教师和学生所使用。图5-4所示是一个使用Flash制作的课件。

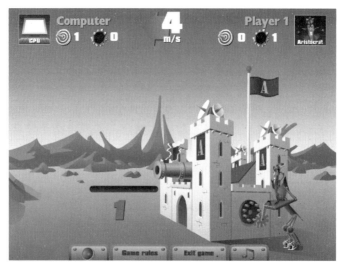

图5-3　使用Flash制作的游戏

图5-4　使用Flash制作的多媒体课件

5.2　Flash的操作环境

5.2.1　工作界面

执行"开始"→"程序"→"Adobe Flash CS6 Professional"命令，即可启动Flash CS6。当启动Flash CS6时会出现开始页，在开始页中可以选择新建项目、模板及最近打开的项目。

单击“新建”栏目下的“Flash项目”选项，就可以进入Flash CS6的工作界面。

5.2.2 菜单栏

在菜单栏中可以执行Flash的大多数功能操作，如新建、编辑和修改等。在菜单栏中包括文件、编辑、视图、插入、修改、文本、命令、控制、调试、窗口、帮助11个菜单项，如图5-5所示。

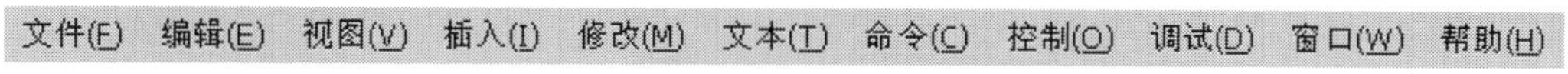

文件(F)
编辑(E)
视图(V)
插入(I)
修改(M)
文本(T)
命令(C)
控制(O)
调试(D)
窗口(W)
帮助(H)

图5-5 菜单栏

5.2.3 工具箱

工具箱是Flash中重要的面板，它包含绘制和编辑矢量图形的各种操作工具，主要由选取工具、绘图工具、色彩填充工具、查看工具、色彩选择工具和工具属性六部分构成，用于进行矢量图形绘制和编辑的各种操作，如图5-6所示。

选取工具
绘图工具
色彩填充工具
查看工具
色彩选择工具
工具属性

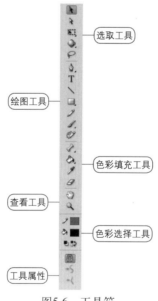

图5-6 工具箱

5.2.4 绘图工作区

绘图工作区又被称为“舞台”，“舞台”中包含的图形内容就是最终完成的Flash影片在播放时所显示的内容。按下工作区右上角的显示比例按钮，可以对工作区的视图比例进行快捷的调整，如图5-7所示。

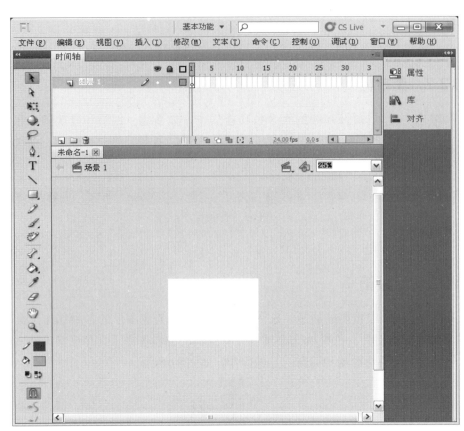

图5-7　绘图工作区

5.2.5　时间轴

时间轴位于Flash菜单栏的下方，用于显示影片长度、帧内容及影片结构等信息，如图5-8所示。通过该面板，用户可以进行不同动画的创建、设置图层属性、为影片添加声音等操作，它是在Flash中进行动画编辑的基础。

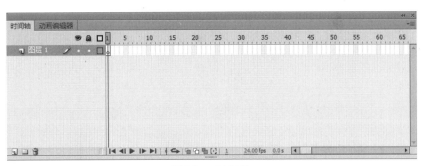

图5-8　时间轴

5.2.6　"属性"面板

"属性"面板默认位于绘图工作区的下方。"属性"面板可以根据所选对象的不同，显示其相应的属性信息并进行编辑修改，如图5-9所示。

图5-9   "属性"面板

5.2.7 浮动面板

浮动面板由各种不同功能的面板组成，如"库"面板、"对齐"面板等。通过面板的显示、隐藏、组合、摆放，可以自定义工作界面。要在软件窗口中显示更多的浮动面板，只需要在"窗口"菜单中选择要显示的浮动面板名称即可。

5.3 时间轴、帧与图层

在Flash 动画制作中使用时间轴来安排动画播放的时间，通过时间轴对应的舞台动画表现动画播放进度。在Flash中，"时间轴"面板是创建动画的基本面板，Flash中的"帧"其实就是时间轴上的一个小格，是舞台内容中的一个片段。

5.3.1 认识时间轴

"时间轴"面板位于工具栏的下方，也可以根据使用习惯拖移到舞台上的任意位置，成为浮动面板。如果时间轴目前不可见，可以执行"窗口"→"时间轴"命令或按下【Ctrl+Alt+T】快捷键将其显示出来，如图5-10所示。

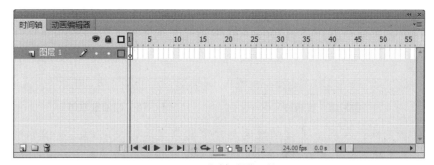

图5-10   "时间轴"面板

所有的图层排列于"时间轴"面板的左侧，每个层排一行，每一个层都由帧组成。时间轴的状态显示在时间轴的底部，包括"当前帧数""帧频率"与"运行时间"。需要注意的是，当动画播放的时候，实际显示的帧频率与设定的帧频率不一定相同，这与计算机的性能有关。

帧频用每秒帧数（fps）来度量，表示每秒播放多少个帧，它是动画的播放速度。网页动画的最佳播放速率是12 fps，表示每秒播放12个帧。

5.3.2 认识帧

Flash中的动画都是通过对时间轴中的帧进行编辑而制作完成的，因此，制作动画之前必须熟练掌握帧的一些操作技巧和方法。

在Flash的时间轴上设置不同的帧，会以不同的图标来显示，如图5-11所示。

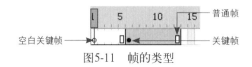

图5-11 帧的类型

1. 帧的类型

下面介绍帧的类型及其所对应的图标和用法。

- 空白帧：帧中不包含任何对象（如图形、声音和影片剪辑等），相当于一个空白的影片，表示什么内容都没有，如图5-12所示。

图5-12 空白帧

- 关键帧：关键帧的内容是可编辑的，黑色实心圆点表示关键帧，如图5-13所示。
- 空白关键帧：空白关键帧与关键帧的性质和行为完全相同，但不包含任何内容，空心圆点表示空白关键帧。当新建一个层时，会自动新建一个空白关键帧，如图5-14所示。

图5-13 关键帧　　　　　　　　　　图5-14 空白关键帧

- 普通帧：普通帧一般是为了延长影片播放的时间而使用，在关键帧后出现的普通帧为灰色，如图5-15所示，在空白关键帧后出现的普通帧为白色。
- 动作渐变帧：在两个关键帧之间创建动作渐变后，中间的过渡帧称为动作渐变帧，用浅蓝色填充并用箭头连接，表示物体动作渐变的动画，如图5-16所示。

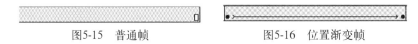

图5-15 普通帧　　　　　　　　　　图5-16 位置渐变帧

- 形状渐变帧：在两个关键帧之间创建形状渐变后，中间的过渡帧称为形状渐变帧，用浅绿色填充并由箭头连接，表示物体形状渐变的动画，如图5-17所示。
- 不可渐变帧：在两个关键帧之间创建动作渐变或形状渐变不成功，用浅蓝色填充并由虚线连接的帧，或用浅绿色填充并由虚线连接的帧，如图5-18所示。

| 图5-17　形状渐变帧 | 图5-18　不可渐变帧 |

- 动作帧：为关键帧或空白关键帧添加脚本后，帧上出现字母"α"，表示该帧为动作帧，如图5-19所示。
- 标签帧：以一面小红旗开头，后面标有文字的帧，表示帧的标签，也可以将其理解为帧的名字，如图5-20所示。

| 图5-19　动作帧 | 图5-20　标签帧 |

- 注释帧：以双斜杠为起始符，后面标有文字的帧，表示帧的注释。在制作多帧动画时，为了避免混淆，可以在帧中添加注释，如图5-21所示。
- 锚记帧：以锚形图案开头，后面可以标有文字，如图5-22所示。

| 图5-21　注释帧 | 图5-22　锚记帧 |

2. 帧的模式

在时间轴标尺的末端，有一个■按钮，如图5-23所示。单击此按钮，将弹出如图5-24所示的快捷菜单，通过此菜单可以设置控制区中帧的模式。

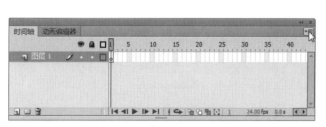

图5-23　帧模式图标按钮　　　　　图5-24　帧模式

下面分别介绍菜单中各选项的含义和用法。

- 很小：为了显示更多的帧，使时间轴上的帧以最窄的方式显示，如图5-25所示。

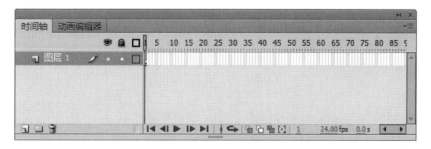

图5-25　"很小"模式

● 小：使时间轴上的帧以较窄的方式显示，如图5-26所示。

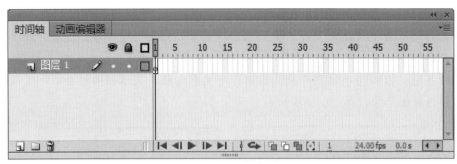

图5-26　"小"模式

● 标准：使时间轴上的帧以默认宽度显示，如图5-27所示。

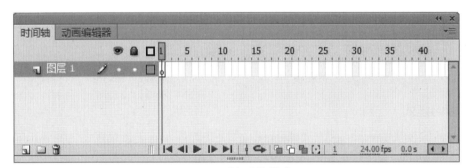

图5-27　"标准"模式

● 中：使时间轴上的帧以较宽的方式显示，如图5-28所示。

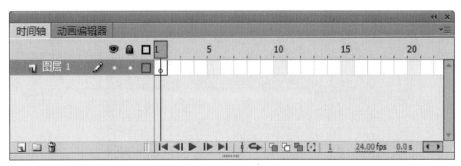

图5-28　"中"模式

● 大：使时间轴上的帧以最宽的方式显示，如图5-29所示。

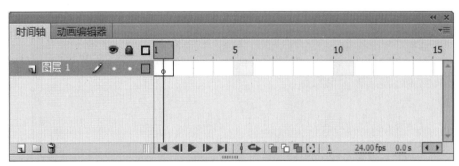

图5-29　"大"模式

● 预览：在帧中模糊地显示场景上的图案，如图5-30所示。

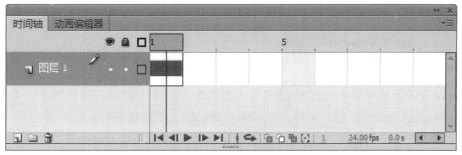
图5-30 "预览"模式

● 关联预览：在关键帧处显示模糊的图案，其不同之处在于将全部范围的场景都显示在帧中，如图5-31所示。

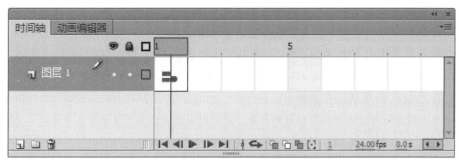
图5-31 "关联预览"模式

● 较短：为了显示更多的图层，使时间轴上帧的高度减小，如图5-32所示。

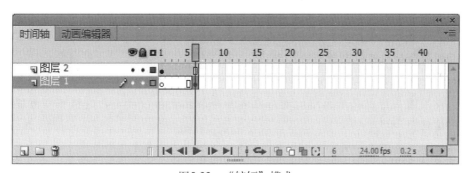
图5-32 "较短"模式

● 彩色显示帧：用不同颜色来标识时间轴上不同类型的帧，如图5-33所示。

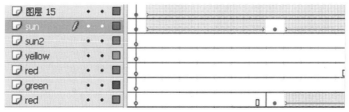
图5-33 "彩色显示帧"模式

5.3.3 认识图层

在Flash中，图层是动画制作的核心之一，了解图层的基本概念是掌握和运用图层的前提。本节主要介绍图层的概念。

1. 图层的原理

Flash中的图层就像一张透明的白纸，而动画中的多个图层，就相当于一叠透明的纸，通过调整这些纸的顺序，可以改变动画中图层的上下层次关系。

在Flash中，每当新建一个Flash文件时，系统会自动新建一个图层，并自动命名为"图层1"，接下来绘制的所有图形都会被放在这个图层中。用户可以根据需要创建新的图层，新建的图层会自动排列在已有的图层上方。

2. 图层的特点

在编辑动画时，了解图层的特点，不仅可以使制作更加方便，而且还可以制作一些特殊效果。在Flash中，图层的特点主要有以下几个方面。

- 使用图层有助于对舞台上的各对象进行处理。
- 对图层中的某个对象进行编辑时，不影响其他图层中的内容。
- 最先创建的图层在最底层。
- 每个图层都可以包含任意数量的对象，这些对象在该图层上又会有其自身的层叠顺序。
- 改变图层的位置时，本层所有的对象都会随着图层位置的改变而改变，但其层内部对象的层叠顺序则不会改变。

3. 图层的作用

在运用Flash制作动画的过程中，如果能灵活地运用图层，可以大大地简化繁琐的操作，提高工作效率。图层的作用主要有以下3个方面。

- 利用引导层可以制作引导层动画。
- 利用遮罩层可以制作遮罩动画。
- 使用图层可以将动画中的动态元素和静态元素区分开来，这样可以方便动画的编辑。

4. 图层的类型

在Flash中，按照图层的不同功能，可以将图层分为普通层、引导层、被引导层、遮罩层和被遮罩层5种。下面将分别介绍。

- 普通层：是指无任何特殊效果的图层，它只用于放置对象。
- 引导层：是指在此图层中绘制的对象将作为被引导层中的对象的移动轨迹。
- 被引导层：是指由引导层引导的图层中的对象将沿着引导层中绘制的路径移动。
- 遮罩层：可以将与遮罩层相衔接图层中的图像遮盖起来。用户可以将多个图层组合在一个遮罩层下，以创建出多样化的效果。
- 被遮罩层：将普通层变为遮罩层以后，该图层下方的图层将自动变为被遮罩图层。

5.4 Flash的基础动画

一部完整、精彩的Flash动画作品是由一种或几种动画类型结合而成的。在Flash中，用户可以创建逐帧动画、动作补间动画、形状补间动画、遮罩层动画和引导层动画。

5.4.1 了解动画原理

动画是通过迅速且连续地呈现一系列图像（形）获得的，由于这些图像（形）在相邻的帧之间有较小的变化，所以会形成动态效果。实际上，在舞台上看到的第1帧是静止的画面，只有在以一定速度沿各帧移动时，才能从舞台上看到动画效果。本节主要介绍动画的原理。

1. 时间轴动画的原理

制作时间轴动画的原理与制作电影的原理一样，都是根据视觉暂留原理制作的。人的视觉具有暂留的特性，也就是说，当人的眼睛看到一个物体后，图像会短暂地停留在眼睛的视网膜上，而不会马上消失。利用这一原理，在一幅图像还没有消失之前将另一幅图像呈现在眼前，就会给人制造一种连续变化的效果。

Flash动画与电影一样，都是基于帧构成的，它通过连续播放若干静止的画面来产生动画效果，而这些静止的画面就被称为帧，每一帧类似于电影底片上的每一格图像画面。控制动画播放速度的参数称为fps，即每秒播放的帧数，在Flash动画的制作过程中，一般将每秒的播放帧数设置为12，即使这样设置，仍然有很大的工作量，因此引入了关键帧的概念。在制作动画时，可以先制作关键帧画面，关键帧之间的帧则可以通过插值的方式来自动产生，这样就大大地提高了动画制作的效率。

2. 时间轴动画的分类

用Flash制作动画时，使前后相邻两个帧中的内容发生变化即可形成动画。动画的制作分为两种类型，分别是逐帧动画和渐变动画。在逐帧动画中，用户需要为每一帧创建动画内容，即为每一帧绘制图形或导入素材图像。图5-34所示为时间轴上的逐帧动画。

由于逐帧动画的工作量非常大，因此，Flash CS6提供了一种简单的动画制作方法，即采用关键帧处理技术和渐变动画。渐变动画是指在两个关键帧之间，由Flash通过计算生成中间的各帧动画。图5-35所示为时间轴上的渐变动画。

渐变动画可以分为运动动画、形状动画和颜色渐变动画3种类型，其含义如下所述。

- 运动动画：用户可以定义元件在某一帧中的位置、大小、旋转角度等属性，然后在另一帧中改变这些属性，从而得到两者之间的动画效果。
- 形状动画：以对象的形状来定义动画，即用户在某一帧定义动画的形状，然后在另一帧中改变其形状，此时Flash就会自动生成两个形状间的光滑变化过渡效果。
- 颜色渐变动画：在制作动画的基础上，利用元件特有的色彩调节方式，调整其颜色、亮度或透明度等，并结合动作动画的特性，即可得到色彩丰富的动画效果。

图5-34 时间轴上的逐帧动画

图5-35 时间轴上的渐变动画

3. 动画与图层的关系

使用Flash制作动画时,经常需要在一个场景中创建若干个图层。下面简单介绍创建动画过程中图层的作用。

- 在每个图层中分别放置不同的内容,可以使各个图层中的对象分离,这样就不会产生误删对象等操作。
- 在Flash动画中,可以放置音频文件。单独创建一个图层来放置声音元件,有利于查询和管理。
- 在Flash中,使用补间动画时,如果在某一层中有多个元件或组,就会容易出错。在一般情况下,将所有静止的内容放置在一个图层,其他需要变化的内容放置在不同的图层,这样不仅方便操作,而且利于编辑和修改。

4. 设置动画播放速度

在动画的播放过程中,一定要控制好播放速度,如果动画播放速度过慢,就会出现停顿现象;如果动画播放速度过快,那么有些动画所要表现的细节将无法表现,所以调整好播放速度是非常重要的。

一般情况下,Flash的播放速度默认值为24,但是如果要将Flash动画发布到网络上去,建议将每秒播放的帧数设置为12,因为QuickTime的AVI格式的动画设置的每秒播放帧数一般也是12,在网上播放时,这个帧频率可以产生较好的效果。

5.4.2 Flash的几种基础动画

1. 逐帧动画

逐帧动画就是在时间轴中逐个建立具有不同内容属性的关键帧,在这些关键帧中的图形将保持大小、形状、位置、色彩的连续变化,可以在播放过程中形成连续变化的动画效果,这是传统动画制作中最常见的动画编辑方式,如图5-36所示。

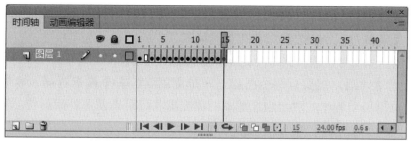

图5-36　逐帧动画

逐帧动画的制作原理非常简单，但是需要一帧一帧依次绘制图形，并要注意每帧间图形的变化，否则就不能达到自然、流畅的动画效果。

2. 补间动画

补间动画的创建相对逐帧动画要简便。在一个图层的两个关键帧之间建立补间动画关系后，Flash会在两个关键帧之间自动生成补充动画图形的显示变化，以达到更流畅的动画效果，这就是补间动画。

动作补间动画是指在时间轴的一个图层中创建两个关键帧，分别为这两个关键帧设置不同的位置、大小、方向等参数，再在两关键帧之间创建动作补间动画效果，是Flash中比较常用的动画类型。

用鼠标选取要创建动画的关键帧后，单击鼠标右键，在弹出的快捷菜单中选择"创建传统补间"命令，或者执行"插入"→"传统补间"命令，如图5-37所示，即可快速地完成补间动画的创建。

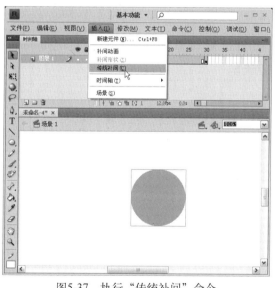

图5-37　执行"传统补间"命令

动作补间动画主要针对的是同一图形在位置、大小、角度方面的变化效果。形状补间动画则是针对所选两个关键帧中的图形在形状、色彩等方面发生变化的动画效果，且它们可以是不同的图形。执行"插入"→"补间形状"命令可以创建形状补间动画。

3. 遮罩动画

在制作动画的过程中，有些效果用通常的方法很难实现，如手电筒、百叶窗、放大镜等效果以及一些文字特效。这时，就要用到遮罩动画了。

要创建遮罩动画，需要有两个图层，一个遮罩层，一个被遮罩层。要创建动态效果，可以让遮罩层动起来。对于用作遮罩的填充形状，可以使用补间形状；对于文字对象、图形实例或影片剪辑，可以使用补间动画。

要创建遮罩层，可以将遮罩项目放在要用作遮罩的层上。和填充或笔触不同，遮罩项目像是个窗口，透过它可以看到位于它下面的链接层区域。除了透过遮罩项目显示的内容之外，其余的所有内容都被遮罩层的其余部分隐藏起来。一个遮罩层只能包含一个遮罩项目。按钮内部不能有遮罩层，也不能将一个遮罩应用于另一个遮罩。

在Flash中，使用遮罩层可以制作出特殊的遮罩动画效果，例如聚光灯效果。如果将遮罩层比作聚光灯，当遮罩层移动时，它下面被遮罩的对象就像被灯光扫过一样，被灯光扫过的地方清晰可见，没有被扫过的地方将不可见。另外，一个遮罩层可以同时遮罩几个图层，从而产生出各种特殊的效果。

4. 引导动画

引导动画是指使用Flash里的运动引导层控制动画元素的运动而形成的动画。引导层作为一个特殊的图层，在Flash动画设计中的应用也十分广泛。在引导层的帮助下，可以实现对象沿着特定的路径运动。要创建引导层动画，需要两个图层，一个引导层，一个被引导层。在创建引导层动画时，一条引导路径可以对多个对象同时作用，一个影片中可以存在多个引导图层，引导图层中的内容在最后输出的影片文件中不可见。

5.5　元件和库

在Flash中，对于需要重复使用的资源可以将其制作成元件，然后从"库"面板中拖曳到舞台上使其成为实例。合理地利用元件和库，对提高影片制作效率有很大的帮助。

5.5.1　Flash中的元件

元件是Flash中的一种特殊组件。在一个动画中，有时需要一些特定的动画元素多次出现，在这种情况下就可以将这些特定的动画元素作为元件来制作，这样就可以在动画中对其多次引用了。

元件包括图形元件、影片剪辑元件和按钮元件3种类型，且每个元件都有一个唯一的时间轴、舞台以及图层。在Flash中可以使用"新建元件"命令创建影片剪辑、按钮和图形3种类型的动画元件。使用"新建元件"命令打开"创建新元件"对话框后，在其中可以设置新元件的名称和类型等参数。

1. 图形元件

在Flash电影中，一个元件可以被多次使用在不同位置。各个元件之间可以相互嵌套，不管元件的行为属于何种类型，都能以一个独立的部分存在于另一个元件中，使制作的Flash电影有更丰富的变化。图形元件是Flash电影中最基本的元件，主要用于建立和存储独立的图形内容，也可以用来制作动画，但是当把图形元件拖曳到舞台中或其他元件中时，不能对其设置实例名称，也不能为其添加脚本。

在Flash中可将编辑好的对象转换为元件，也可以创建一个空白的元件，然后在元件编辑模式下制作和编辑元件。

2. 影片剪辑元件

影片剪辑是Flash电影中常用的元件类型，是独立于电影时间线的动画元件，主要用于创建具有一段独立主题内容的动画片段。当影片剪辑所在图层的其他帧没有别的元件或空白关键帧时，它不受目前场景中帧长度的限制，作循环播放；如果有空白关键帧，并且空白关键帧所在位置比影片剪辑动画的结束帧靠前，影片会结束，同样也作提前结束循环播放。

3. 按钮元件

按钮元件可以创建用于响应鼠标单击、滑过或其他动作的交互式按钮。用户可以定义与各种按钮状态关联的图形，然后将动作指定给按钮实例。

4. 元件类型的转换

在Flash影片动画的编辑中，可以随时将元件库中元件的行为类型转换为需要的类型。例如将图形元件转换成影片剪辑，使之具有影片剪辑元件的属性。在需要转换行为类型的图形元件上单击鼠标右键，在弹出的快捷菜单中执行"属性"命令，在弹出的"元件属性"对话框中即可为元件选择新的行为类型，如图5-38所示。

图5-38　转换元件

5.5.2　在库中管理元件

1. 库面板

执行"窗口"→"库"命令或按F11键，打开"库"面板，如图5-39所示。每个Flash文件都对应一个用于存放元件、位图、声音和视频文件的图库。利用"库"面板可以查看和组织库中的元件。当选取库中的一个元件时，"库"面板上部的小窗口中将显示出来。

下面对"库"面板中各按钮的功能说明如下。

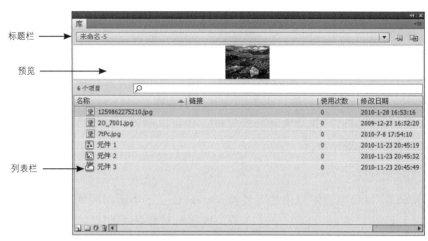

图5-39 "库"面板

（1）标题栏

标题栏中显示当前Flash文件的名称。在标题栏的最右端有一个下拉菜单按钮，单击此按钮后，可以在下拉菜单中选择并执行相关命令。另外收起或展开"库"面板，可以通过单击标题栏上的文件名称来完成。

（2）预览窗口

用于预览所选中的元件。如果被选中的元件是单帧，则在预览窗口中显示整个图形元件。如果被选中的元件是按钮元件，将显示按钮的普通状态。如果选定一个多帧动画文件，预览窗口右上角会出现按钮，单击按钮可以播放动画或声音，单击按钮停止动画或声音的播放。

（3）列表栏

在列表栏中，列出了库中包含的所有元素及它们的各种属性，其中包括：名次、文件类型、使用次数统计、链接情况、修改日期。列表中的内容既可以是单个文件，也可以是文件夹。

2. 库的管理

在"库"面板中可以对文件进行重命名或删除，并可以对元件的类型进行转换。

（1）文件的重命名

对库中的文件或文件夹重命名有以下几种方法。

● 双击要重命名的文件名称。

● 在需要重命名的文件上单击鼠标右键，在弹出的快捷菜单中执行"重命名"
命令。

● 选择重命名的文件，单击"库"面板标题栏右端的下拉菜单按钮，在弹出的快捷
菜单中执行"重命名"命令。

执行上述操作中的一种后，会看到该元件名称处的光标在闪动，如图5-40所示，输入名称即可。

图5-40 重命名文件

（2）文件的删除

对库中多余的文件，可以选中该文件后按下鼠标右键，在弹出的快捷菜单中执行"删除"命令或单击"库"面板下边的删除按钮 🗑。在Flash中，删除元件的操作可以通过执行"编辑"→"撤销"命令对其进行撤销。

3. 公用库

"公用库"面板中的元件是系统自带的，不能在"公用库"面板中编辑元件。只有当调用到当前动画后才能进行编辑。调用公用库中元件的方法与调用"库"面板中的元件的方法相同。公用库共分为三种：声音、按钮和类。

本章小结

本章从Flash的应用领域着手，介绍了Flash软件的操作环境、Flash中的三个重要概念和Flash的基础动画等基础知识。如果读者想学习更多关于Flash的内容，请自行查阅相关专业书籍。

习题

一、填空题

（1）选中Flash"开始页"左下角的_____复选框，可以使以后启动Flash时不再显示开始页。

（2）在_____中可以执行Flash的大多数功能操作，如新建、编辑和修改等。

（3）在Flash中，"时间轴"面板是创建动画的基本面板，而时间轴中的每一个方格称为一个帧，帧是Flash中计算_____的基本单位。

（4）在制作多帧动画时，为了避免混淆，需要添加_____帧。

（5）Flash中有三种元件，分别是_____、_____和_____。

二、操作题

（1）在Flash中新建一个文档并保存，在文档中使用标尺，并将标尺设置为蓝色。

（2）在Flash中练习帧的各种操作方法。

（3）在Flash中分别新建一个图形元件、一个按钮元件与一个影片剪辑元件。

第6章

信息安全技术基础

本章导读▲

随着人类社会的发展，对信息交换、资源共享等方面的需求逐渐增长，而计算机网络的发展能够在一定程度上满足人类的发展需要。虽然计算机网络具有无可比拟的优越性，但其安全问题也相对较多，如黑客攻击、木马病毒等，直接威胁用户的信息安全。当前，计算机信息安全事故的增多，给人们敲响一记警钟，也促使相关部门人员加大安全技术研究力度，进一步强化安全管理，营造健康的计算机信息安全环境。

本章要点

● 信息安全基础

● 计算机病毒及防治

● 黑客的防范

学习目标

网络的飞速发展，极大地改变了人们的工作、生活、学习方式，甚至是思维模式。信息社会的发展，把人们与计算机、互联网紧密地结合起来，使社会发生了巨大的变化，但是高科技的脆弱性和负面效应常常给人类带来意想不到的、甚至是巨大的灾难。计算机病毒的产生和发展对社会的危害不容小觑。

计算机病毒是计算机发展的产物，是人类社会信息化过程中的产物。随着计算机技术和防病毒技术的发展，计算机病毒最终将被人们克服，但这也许要花费几十年甚至上百年的时间。知己知彼、百战不殆，要防治和战胜病毒，就需要认识病毒。只有认识了计算机病毒，了解了计算机病毒的特点，才能够对计算机病毒进行有效防治，才能免于或减少病毒对我们的危害。

6.1 信息安全基础

信息作为一种资源，具有普遍性、共享性、增值性、可处理性和多效用性，对于人们具有特别重要的意义。进入21世纪，随着信息技术的不断发展，信息安全问题也日益突出。如何确保信息系统的安全，已经成为全社会关注的问题。信息安全的实质就是要保护信息系统或信息网络中的信息资源免受各种类型的威胁、干扰和破坏，即要保证信息的安全性。根据国际标准化组织的定义，信息安全性的含义主要是指信息的保密性、完整性、可用性和可靠性。信息安全是任何国家、政府、部门、行业都必须十分重视的问题，是一个不容忽视的国家安全战略。

6.1.1 基本概念

信息安全是指保证信息系统中的数据在存取、处理、传输和服务过程中的保密性、完整性和可用性，以及信息系统本身能连续、可靠、正常地运行，并且在遭到破坏后还能迅速地恢复正常使用的安全过程。

早期的信息安全主要就是要确保信息的保密性、完整性和可用性。随着通信技术和计算机技术的不断发展，特别是二者结合所产生的网络技术的不断发展和广泛应用，对信息安全问题又提出了新的要求。现在的信息安全通常包括五个属性，即信息的保密性、完整性、可用性、可靠性和抗抵赖性。

- 保密性（Confidentiality）：是指信息不被泄露给非授权的用户、实体或过程，或供其利用的特性。它是保障信息安全的重要手段。常见的保密技术包括防侦收、防辐射、信息加密、物理加密等。

- 完整性（Integrity）：是指信息不被偶然或蓄意地删除、修改、伪造、乱序、重放、插入等破坏的特性。只有得到允许的人才能修改实体或进程，并且能够判别出实体或过程是否已被篡改。影响信息完整性的主要因素有设备故障、误码、人为攻击、计算机病毒等。

- 可用性（Availability）：是指得到授权的实体在需要时可访问的资源和服务。也就是说，可用性是指无论何时，只要用户需要，信息系统必须是可用的，信息系统不能拒绝服务。用户的通信要求是随机的、多方面的（语音、数据、文字和图像等），网络必须随时满足用户通信的要求。攻击者通常采用占用资源的手段阻碍授权者的可用性。

- 可靠性（Reliability）：是指系统在规定条件下和规定时间内，完成规定功能的概率。它是信息安全的最基本要求之一。目前，对于可靠性的研究基本偏重硬件可靠性方面，但仍有许多故障和事故与软件的可靠性和环境可靠性有关。

- 抗抵赖性（Non-Repudiation）：是面向通信双方信息真实统一的安全要求，包括收发双方均不可抵赖。一是源发证明，它提供给信息接收者以证据，这将使发送者谎称未发送过这些信息或者否认它的内容的企图不能得逞；二是交付证明，它提供给信息发送者以证明，这将使接收者谎称未接收过这些信息或者否认它的内容的企图不能得逞。

6.1.2　常用信息安全防御技术

常用的信息安全防御技术主要包括网络加密技术、防火墙技术、网络地址转换技术、操作系统安全内核技术、身份验证技术和网络防病毒技术等。

1. 网络加密技术

网络信息加密的目的是保护网络内的数据、文件、口令和控制信息，保护网上传输的数据。网络加密常用的方法有链路加密、端点加密和节点加密三种。链路加密的目的是保护网络节点之间的链路信息安全；端点加密的目的是对源端用户到目的端用户的数据提供加密保护；节点加密的目的是对源节点到目的节点之间的传输链路提供加密保护。用户可根据网络情况，选择相应的加密方式。

信息加密过程是由形形色色的加密算法来具体实施的，它以很小的代价提供很牢靠的安全保护。在多数情况下，信息加密是保证信息机密性的唯一方法。据不完全统计，到目前为止，已经公开发表的各种加密算法超过数百种。如果按照收发双方的密钥是否相同来分类，可以将这些加密算法分为常规密码算法和公钥密码算法。

常规密码算法：在常规密码算法中，收信方和发信方使用相同的密钥，即加密密钥和解密密钥是相同或等价的。比较著名的常规密码算法有：美国的DES（数据加密标准）及其各种变形，如Triple DES、GDES、New DES和DES的前身Lrciferr；欧洲的IDEA；日本的FEAL-N、LOK1-91、RC4、RC5以及已代换密码和转轮密码为代表的古典密码等。在众多的常规密码中，影响最大的是DES密码。常规密码算法的优点是有很强的保密强度，且能经受住时间的检验和攻击，但其密钥必须通过安全的途径传送。因此，其密钥管理成为网络安全的重要因素。

公钥密码算法：在公钥密码算法中，收信方和发信方使用的密钥互不相同，而且不可能从加密密钥推导出解密密钥。比较著名的公钥密码算法有RSA、McEliece密码、Diffe-Hellman、Rabin、Ong-Fiat-Shamir、EIGamal密码算法等。最有影响的公钥密码算法是RSA，它能抵抗目前超过768位密码的攻击。公钥密码的优点是可以适应网络的开放性要求，且密钥管理问题也较为简单，尤其可方便地实现数字签名和身份验证。但其算法复杂，加密数据的速率较低。尽管如此，随着现代电子技术和密码技术的发展，公钥密码算法仍将是一种很有前途的网络安全加密机制。

在实际应用中，通常将常规密码和公钥密码结合在一起使用。例如，利用DES或者IDEA来加密信息，而采用RSA来传递会话密钥。如果按照每次加密处理的比特来分类，可以将加密算法分为序列密码算法和分组密码算法，前者每次可以加密一个比特或若干个比特，而后者则先将信息序列分组，每次处理一个组。

网络加密技术是网络安全最有效的技术之一。一个加密网络，不但可以防止非授权用户的搭线窃听和入网，而且也是对付恶意软件（或病毒）的有效方法之一。

2. 防火墙技术

防火墙（Firewall）是用一个或一组网络设备（计算机系统或路由器等），在两个或多个网络间加强访问控制，以保护一个网络不受来自另一个网络攻击的安全技术。防火墙的组成可以表示为：防火墙=过滤器+安全策略（+网关），它是一种非常有效的网络安全技术。在因特网上，通过它来隔离风险区域（即因特网或有一定风险的网络）与安全区域（内部网，如Internet）的连接，但不妨碍人们对风险区域的访问。防火墙可以监控进出网络的通信数据，从而完成仅让完全、核准的信息进入，同时又抵制对企业构成威胁的数据进入的任务。

通常，防火墙服务用于以下几个目的。

① 限制他人进入内部网络，过滤掉不安全服务和非法用户。

② 限定人们访问特殊站点。

③ 为监视因特网安全提供方便。

由于防火墙是一种被动技术，它假设了网络的边界和服务，因此，对内部的非法访问难以有效地控制。防火墙适合于相对独立的网络，如因特网等种类相对集中的网络。

防火墙的主要技术类型包括网络级数据包过滤（Network-Level Packet Filter）和应用代理服务（Application-Level Proxy Server）。

虽然防火墙技术是在内部网与外部网之间实施安全防范的最佳选择，但也存在一定的局限性，主要表现在以下几方面。

①不能完全防范外部刻意的人为攻击。

②不能防范内部用户的攻击。

③不能防止内部用户因误操作而造成口令失密受到攻击。

④很难防止病毒或者受病毒感染的文件的传输。

由于两种类型的防火墙系统各有优缺点，因而在实际应用中常常根据实际需求结合起来使用。目前市场上的最新防火墙产品都结合了网络级数据包过滤和应用代理服务功能。

3. 网络地址的转换技术（NAT）

网络地址转换器也称地址共享器（Address Sharer）或地址映射器，设计它的初衷是为了解决IP地址不足，现多用于网络安全。内部主机向外部主机连接时，使用同一个IP地址；相反地，外部主机要向内部主机连接时，必须通过网关映射到内部主机上。它使外部网络看不到内部网络，从而隐藏内部网络，达到保密作用，使系统的安全性提高，并且节约从ISP得到的外部IP地址。

4. 操作系统安全内核技术

除了在传统网络安全技术上着手，人们开始在操作系统的层次上考虑网络安全性，尝试把系统内核中可能引起安全性问题的部分从内核中剔除出去，从而使系统更加安全。操作系统平台的安全措施包括：采用安全性较高的操作系统；对操作系统的安全配置；利用安全扫描系统检查操作系统的漏洞等。

美国国防部技术标准把操作系统的安全等级分成了D1、C1、C2、B1、B2、B3、A级，其安全等级由低到高。目前主要操作系统的安全等级都是C2级（如UNIX、Windows），其特征包括以下几方面。

①用户必须通过用户注册名和口令让系统识别。

②系统可以根据用户注册名决定用户访问资源的权限。

③系统可以对系统中发生的每一件事进行审核并记录。

④可以创建其他具有系统权限的用户。

B1级操作系统除上述机制外，还不允许文件的拥有者改变其许可权限。

B2级操作系统要求计算机系统中所有对象都加标签，且给设备（如磁盘、磁带、终端）分配单个或多个安全级别。

5. 身份验证技术

身份验证（Identification）是用户向系统出示自己身份证的过程。身份认证是系统查核用户身份证明的过程。这两个过程是判明和确认通信双方真实身份的两个重要环节，通常把这两项工作统称为身份验证（或身份鉴别）。

（1）数字签名

公开密钥的加密机制虽提供了良好的保密性，但难以鉴别发送者，即任何得到公开密钥的人都可以生成和发送报文。数字签名机制在此基础之上提供了一种鉴别方法，以解决伪造、抵赖、冒充和篡改等问题，即基于公共密钥的身份验证。

数字签名一般采用不对称加密技术（如RSA），通过对整个明文进行某种变换，得到一个值，作为核实签名。接收者使用发送者的公开密钥对签名进行解密运算，如其结果为明文，则签名有效，证明对方的身份是真实的。当然，签名也可以采用多种方式，如将签名附在明文之后。数字签名普遍用于银行、电子商务的身份验证。

（2）Kerberos系统

Kerberos系统是美国麻省理工学院为Athena工程而设计的，为分布式计算环境提供一种对用户双方进行身份验证的方法，是基于DCE/ Kerberos的身份验证。

它的安全机制在于首先对发出请求的用户进行身份验证，确认其是否为合法的用户。如是合法的用户，再审核用户是否有权对他请求的用户或主机进行访问。从加密算法上来讲，其身份验证是建立在对称加密的基础上的。

6. 网络防病毒技术

在网络环境下，计算机病毒具有不可估量的破坏力和威胁性。CIH及爱虫病毒就是最好的证明，如果不重视计算机网络病毒，那可能给社会带来灾难性的后果，因此网络病毒的防范也是网络安全的重要一环。

网络防病毒技术包括预防病毒、检测病毒和消除病毒等三种主要技术。

（1）预防病毒技术

它通过自身常驻系统内存，优先获得系统的控制权，监视和判断系统中是否有病毒存在，进而阻止计算机病毒进入计算机系统和对系统进行破坏。其技术手段包括加密可执行程序、引导区保护、系统监控与读写控制等。

（2）检测病毒技术

它是通过对计算机病毒的特征进行判断的侦测技术，如自身校验、关键字、文件长度的变化等。病毒检测一直是病毒防护的支柱，然而随着病毒数目和可能的切入点的大量增加，识别古怪代码串的工作变得越来越复杂，而且容易产生错误，因此，最新的防病毒技术应将病毒检测、多层数据保护和集中式管理等多种功能集成起来，形成多层次防御体系，既具有稳健的病毒检测功能，又具有客户机/服务器数据保护能力，也是覆盖全网的多层次方法。

（3）消除病毒技术

它通过对计算机病毒的分析，开发出具有杀除病毒程序并恢复原文件的软件。大量的病毒针对网上资源和应用程序进行攻击，这样的病毒存在于信息共享的网络介质上，因而要在网关上设防，在网络入口实时杀毒。对于内部病毒（如客户机感染的病毒），通过服务器防毒功能，在病毒从客户机向服务器转移的过程中将其杀掉，把病毒感染的区域限制在最小范围内。

网络防病毒技术的具体实现方法包括对网络服务器中的文件进行频繁的扫描和监测，工作站上采用防病毒芯片和对网络目录及文件设置访问权限等。防病毒必须从网络整体考虑，从方便管理人员的工作着手，通过网络环境管理网络上所有机器。例如，利用网络唤醒功能，在夜间对全网的客户机进行扫描，检查病毒情况；利用在线报警功能，当网络上每一台机器出现故障、病毒入侵时，网络管理人员都能及时知道，从而从管理中心解决。

6.2 计算机病毒及防治

计算机病毒的出现和发展是计算机软件技术发展的必然结果。制造和传播计算机病毒是一种新的高科技类型犯罪，它可以造成重大的政治、经济危害，因此计算机病毒的防治就显得格外重要。

6.2.1 计算机病毒的概念与特征

1.计算机病毒的概念

计算机病毒（Computer Virus）在《中华人民共和国计算机信息系统安全保护条例》中被明确定义，病毒指"编制者在计算机程序中插入的破坏计算机功能或者破坏数据，影响计算机使用并且能够自我复制的一组计算机指令或者程序代码"。

计算机病毒与医学上的"病毒"不同，计算机病毒不是天然存在的，是某些人利用计算机软件和硬件所固有的脆弱性编制的一种具有繁殖能力的特殊程序。这种程序具有自我复制能力，可非法入侵隐藏在存储媒体中的引导部分、可执行程序或数据文件中。当病毒被激活时，源病毒能把自身复制到其他程序体内，影响和破坏程序的正常执行和数据的正确性。有些恶性病毒对计算机系统具有极大的破坏性。计算机一旦感染病毒，病毒就可能迅速扩散，这种现象和生物病毒侵入生物体并在生物体内传染一样。

要真正识别病毒，及时地查杀病毒，就有必要对病毒有比较详细的了解，知道计算机病毒到底有什么特征，又是怎么分类的。

2.计算机病毒的特征

计算机病毒一般具有寄生性、破坏性、传染性、潜伏性和隐蔽性等特征。

（1）寄生性

它是一种特殊的寄生程序，不是一个通常意义下的完整的计算机程序，而是寄生在其他可执行的程序中，

（2）破坏性

破坏是广义的，不仅仅是指破坏系统、删除或修改数据甚至格式化整个磁盘，它们或是破坏系统，或是破坏数据并使之无法恢复，从而给用户带来极大的损失。

（3）传染性

传染性是病毒的基本特性。计算机病毒往往能够主动地将自身的复制品或变种传染到其他未染毒的程序上。计算机病毒只有在运行时才具有传染性。此时，病毒寻找符合传染条件的程序或存储介质，确定目标后再将病毒代码嵌入其中，以达到自我繁殖、传染的目的。只要一台计算机染毒，如不及时处理，那么病毒会在这台计算机上迅速扩散，计算机病毒可通过各种可能的渠道，如U盘、光盘、移动硬盘、计算机网络等，去传染其他的计算机。在一台机器上发现了病毒时，往往曾在这台计算机上用过的U盘已感染上了病毒，而与这台机器相联网的其他计算机也可能被该病毒感染上了。判断一个程序是不是计算机病毒的最重要因素就是看其是否具有传染性。

（4）潜伏性

病毒程序通常短小精悍，寄生在别的程序上，使其难以被发现。在外界激发条件出现之前，病毒可以在计算机内的程序中潜伏、传播。

（5）隐蔽性

计算机病毒是一段寄生在其他程序中的可执行程序，具有很强的隐蔽性。当运行受感染的程序时，病毒程序能首先获得计算机系统的监控权，进而能监视计算机的运行，并传染其他程序。有些计算机病毒的内部往往有一种触发机制，不满足触发条件时，计算机病毒除了传染外不做什么破坏，整个计算机系统看上去一切如常，很难被察觉，其隐蔽性使广大计算机用户对病毒失去应有的警惕性。

（6）可触发性

病毒因某个事件或数值的出现，诱使病毒实施感染或进行攻击的特性称为可触发性。为了隐蔽自己，病毒必须潜伏，少做动作。如果完全不动，一直潜伏的话，病毒既不能感染也不能进行破坏，便失去了杀伤力。病毒既要隐蔽又要维持杀伤力，必须具有可触发性。病毒的触发机制就是用来控制感染和破坏动作的频率。病毒具有预定的触发条件，这些条件可能是时间、日期、文件类型或某些特定数据等。病毒运行时，触发机制检查预定条件是否满足，如果满足，启动感染或破坏动作，使病毒进行感染或攻击；如果不满足，则病毒继续潜伏。

6.2.2　计算机病毒的分类与常见症状

1. 计算机病毒的分类

计算机病毒的分类方法很多，按计算机病毒的感染方式，可分为如下五类。

（1）引导区型病毒

通过读U盘、光盘及各种移动存储介质感染引导区型病毒，感染硬盘的主引导记录。当硬盘主引导记录感染病毒后，病毒就企图感染每个插入计算机进行读写的移动盘的引导区。这类病毒常常将其病毒程序替代主引导区中的系统程序。引导区病毒总是先于系统文件装入内存储器，获得控制权并进行传染和破坏。

（2）文件型病毒

文件型病毒主要感染扩展名为.com、.exe、.drv、.bin、.ovl、.sys等可执行文件。通常寄生在文件的首部或尾部，并修改程序的第一条指令。当染毒程序被执行时就先跳转去执行病毒程序，进行传染和破坏。这类病毒只有当带毒程序执行时才能进入内存，一旦符合激发条件，它就发作。

（3）混合型病毒

这类病毒既传染磁盘的引导区，也传染可执行文件，兼有上述两类病毒的特点。混合型病毒综合引导区型和文件型病毒的特性，它的"性情"也就比引导区型和文件型病毒更为"凶残"。这种病毒通过这两种方式来传染，更增加了病毒的传染性以及存活率。不管以哪种方式传染，只要中毒就会经开机或执行程序而感染其他的磁盘或文件，此种病毒也是最难杀灭的。

（4）宏病毒

开发宏可以让工作变得简单、高效。然而，黑客利用了宏具有的良好扩展性编制病毒——宏病毒，就是寄存在Microsoft Office文档或模板的宏中的病毒。它只感染Microsoft Word文档文件（.doc或.docx）和模板文件（.dot或.dotx），与操作系统没有特别的关联。它们大多以Visual Basic或Word提供的宏程序语言编写，比较容易制造。

它能通过E-mail下载Word文档附件等途径蔓延。当对感染宏病毒的Word文档操作时（如打开文档、保存文档、关闭文档等操作），它就进行破坏和传播。宏病毒还可衍生出各种变形病毒，这种"父生子、子生孙"的传播方式实在让许多系统防不胜防，这也使宏病毒成为威胁计算机系统的"第一杀手"。Word宏病毒破坏造成的结果是：不能正常打印；封闭或改变文件名称或存储路径，删除或随意复制文件；封闭有关菜单，最终导致文件无法正常编辑。

（5）网络病毒

网络病毒大多是通过E-mail传播的。"黑客"是危害计算机系统的源头之一。黑客利用通信软件，通过网络非法进入他人的计算机系统，截取或篡改数据，危害信息安全。

如果网络用户收到来历不明的E-mail，不小心执行了附带的"黑客程序"，该用户的计算机系统就会被偷偷修改注册表信息，"黑客程序"也会悄悄地隐藏在系统中。

当用户运行Windows时，"黑客程序"会驻留在内存，一旦该计算机联入网络，外界的"黑客"就可以监控该计算机系统，从而黑客可以对该计算机系统"为所欲为"。已经发现的"黑客程序"有BO（Back Orifice）、Netbus、Netspy、Backdoor等。

2. 计算机病毒的常见症状

计算机病毒虽然很难检测，但是，只要细心留意计算机的运行状况，还是可以发现计算机感染病毒的一些异常情况的。

①磁盘文件数目无故增多。

②系统的内存空间明显变小。

③文件的日期/时间值被修改成最近的日期或时间（用户自己并没有修改）。

④感染病毒后的可执行文件的长度通常会明显增加。

⑤正常情况下可以运行的程序却突然因内存区不足而不能载入。

⑥程序加载时间或程序执行时间比正常时间明显变长。

⑦计算机经常出现死机或不能正常启动的现象。

⑧显示器上经常出现一些莫名其妙的信息或异常现象。

我国计算机病毒应急处理中心通过对互联网监测发现新型后门程序Backdoor_Undef.CDR，该后门程序利用一些常用的应用软件信息，诱骗计算机用户点击下载运行。一旦点击运行，恶意攻击者就会通过该后门远程控制计算机用户的操作系统，下载其他病毒或是恶意木马程序，进而盗取用户的个人私密数据信息，甚至控制监控摄像头等。该后门程序运行后，会在受感染的操作系统中释放一个伪装成图片的动态链接库DLL文件，之后将其添加成系统服务，实现后门程序随操作系统开机而自动启动运行。

另外，该后门程序一旦开启后门功能，就会收集操作系统中用户的个人私密数据信息，并且远程接收并执行恶意攻击者的代码指令。如果恶意攻击者远程控制了操作系统，那么用户的计算机名与IP地址就会被窃取。随后，操作系统会主动访问恶意攻击者指定的Web网址，同时下载其他病毒或是恶意木马程序，更改计算机用户操作系统中的注册表、截获键盘与鼠标的操作、对屏幕进行截图等，给计算机用户的隐私和其操作系统的安全带来较大的危害。

还有"代理木马"的新变种Trojan_Agent.DDFC，该变种是远程控制的恶意程序，自身为可执行文件，在文件资源中捆绑动态链接库资源，运行后鼠标没有任何反应，以此来迷惑计算机用户，且不会进行自我删除。

变种运行后，将自身复制到系统目录中并重命名为一个可执行文件，随即替换受感染操作系统的系统文件；用同样的手法替换掉系统中即时聊天工具的可执行程序文件，并设置成开机自动运行。在计算机用户毫不知情的情况下，恶意程序就可以自动运行加载。

该变种还会在受感染操作系统的后台自动记录键盘按键信息，然后保存在系统目录下的指定文件中，迫使操作系统与远程服务器进行连接，发送被感染机器的用户名、操作系统、CPU型号等信息。除此之外，变种还会迫使受感染的操作系统主动连接访问互联网中指定的Web服务器，下载其他木马、病毒等恶意程序。

随着制造病毒和反病毒双方较量的不断深入，病毒制造者的技术越来越高，病毒的欺骗性、隐蔽性也越来越好。要在实践中细心观察，发现计算机的异常现象。

6.2.3　计算机病毒传播途径

常见的病毒传播途径及相应的预防措施如下所述。

①通过运行程序（主要是执行EXE文件）：执行被病毒感染了的程序文件就会使病毒代码被执行，病毒就会伺机传染与破坏，所以不要运行来历不明的程序。

②通过安装插件程序：安装插件程序可以实现程序功能上的扩展，在用户浏览网页的过程中经常会被提示安装某个插件程序，有些木马病毒就隐藏在这些插件程序中。如果用户不清楚插件程序的来源就应该禁止安装。

③通过恶意网页：由于恶意网页中嵌入了恶意代码或病毒，用户在不知情的情况下点击这样的恶意网页就会感染上病毒，所以不要随便点击那些具有诱惑性的恶意网页，也可以安装诸如360安全卫士等工具来清除这些恶意软件，修复被更改的浏览器地址。

④通过在线聊天："QQ病毒"就是利用QQ向所有在线好友发送病毒文件，一旦中毒就有可能导致用户数据泄密。对于通过聊天软件发送来的任何文件，都要经过确认后再运行，不要随意点击聊天软件发送来的超链接。

⑤通过U盘等移动存储介质：U盘病毒是指通过U盘进行传播的病毒，病毒程序一般会更改autorun.inf文件，导致用户双击盘符或自动打开U盘时病毒被激活，并将病毒传染到硬盘，所以打开U盘前最好先对其进行查杀毒，或者通过资源管理器来打开U盘，尽量不要使用U盘的自动打开功能。

⑥通过邮件附件：通常是利用各种欺骗手段诱惑用户点击，以达到传播病毒的目

的。防范此类病毒首先要提高自己的安全意识，不要轻易打开带有附件的电子邮件，其次是安装杀毒软件并启用"邮件发送监控"和"邮件接收监控"功能，提高对邮件类病毒的防护能力。

⑦通过局域网：有些病毒通过局域网进行传播，如冲击波病毒和振荡波病毒等。最好的预防措施是定期更新操作系统、打补丁和安装防火墙，其次是关闭局域网下不必要的文件夹共享功能，防止病毒通过局域网进行传播。

⑧通过盗版游戏软件：由于有些盗版游戏软件中加入了病毒代码，所以不要使用盗版游戏软件。

6.2.4 计算机病毒的防治

计算机病毒的侵入必将对系统资源构成威胁，即使是良性计算机病毒，至少也要占用少量的系统空间，影响系统的正常运行。特别是通过网络传播的计算机病毒，能在很短的时间内使整个计算机网络处于瘫痪状态，从而造成巨大的损失。因此，计算机病毒的防治应以防范为主。

1. 计算机病毒的防范

所谓防范，是指通过合理、有效的防范体系，及时发现计算机病毒的侵入，并能采取有效的手段阻止病毒的破坏和传播，保护系统和数据安全。

计算机病毒主要通过移动存储介质（如U盘、移动硬盘）和计算机网络两大途径进行传播。人们从工作实践中总结出一些预防计算机病毒的简易可行的措施，这些措施实际上是要求用户养成良好的使用计算机的习惯。具体如下所述。

①安装有效的杀毒软件并根据实际需求进行安全设置。同时，定期升级杀毒软件并经常全盘查毒、杀毒。

②扫描系统漏洞，及时更新系统补丁。

③未经检测是否感染病毒的文件以及光盘、U盘及移动硬盘等移动存储设备，在使用前应首先用杀毒软件查毒后再使用。

④分类管理数据。对各类数据、文档和程序应分类备份保存。

⑤尽量使用具有查毒功能的电子邮箱，尽量不要打开陌生的可疑邮件。

⑥浏览网页、下载文件时要选择正规的网站。

⑦关注目前流行病毒的感染途径、发作形式及防范方法，做到预先防范，感染后及时查毒，以避免遭受更大损失。

⑧有效管理系统内建的Administrator账户、Guest账户以及用户自行创建的账户，包括密码管理、权限管理等。

⑨禁用远程功能，关闭不需要的服务。

⑩修改IE浏览器中与安全相关的设置。

2. 计算机病毒的清除

如果计算机染上了病毒，文件被破坏了，最好立即关闭系统。如果继续使用，会使更多的文件遭受破坏。针对已经感染病毒的计算机，专家建议立即升级系统中的防病毒软件，进行全面杀毒。一般的杀毒软件都具有清除和删除病毒的功能。清除病毒是指把病毒从原有的文件中清除掉，恢复原有文件的内容；删除是指把整个文件删除掉。经过杀毒后，被破坏的文件有可能恢复成正常的文件。对未感染病毒的计算机建议打开系统中防病毒软件的"系统监控"功能，从注册表、系统进程、内存、网络等多方面对各种操作进行主动防御。

用反病毒软件消除病毒是当前比较流行的做法。它既方便，又安全，一般不会破坏系统中的正常数据。优秀的反病毒软件都有较好的界面和提示，使用相当方便。通常，反病毒软件只能检测出已知的病毒并消除它们，不能检测出新的病毒或病毒的变种。所以，各种反病毒软件的开发都不是一劳永逸的，而要随着新病毒的出现而不断升级。目前较著名的反病毒软件都将实时检测系统驻留在内存中，随时检测是否有病毒入侵。

计算机病毒的防治，宏观上讲是一个系统工程，除了技术手段之外还涉及诸多因素，如法律、教育、管理制度等。以教育着手，是防止计算机病毒的重要策略。通过教育，使广大用户认识到病毒的严重危害，了解病毒的防治常识，提高尊重知识产权的意识，增强法律、法规意识，最大限度地减少病毒的产生与传播。

6.2.5　常见的杀毒软件

杀毒软件是一种可以对病毒、木马等一切已知的对计算机有危害的程序代码进行清除的程序工具，它也是辅助用户管理计算机安全的软件程序。杀毒软件的好坏决定了杀毒的质量，通过VB100以及微软Windows验证的杀毒软件才是安全软件领域的最好选择。

1. 瑞星杀毒软件

瑞星杀毒软件的监控能力是十分强大的，但同时其占用系统资源较大。瑞星采用智能启发式检测技术与云安全相结合，加载决策引擎和基因引擎，这样能快速、彻底查杀各种病毒。拥有后台查杀（在不影响用户工作的情况下进行病毒的处理）、断点续杀（智能记录上次查杀完成的文件，针对未查杀的文件进行查杀）、异步杀毒处理（在用户选择病毒处理的过程中，不中断查杀进度，提高查杀效率）、空闲时段查杀（利用用户系统的空闲时间扫描病毒）、嵌入式查杀（可以保护QQ等即时通信软件，并在QQ传输文件时扫描传输文件）、开机查杀（在系统启动初期扫描文件，以处理随系统启动的病毒）等功能。该软件有拦截木马入侵和防御木马行为的功能，还可以对计算机进行体检，帮助用户发现安全隐患。该软件还有工作模式的选择，家庭模式为用户自动处理安全问题，专业模式下用户拥有对安全事件的处理权。

2. 360杀毒软件

360杀毒是永久免费、性能较强的杀毒软件。360杀毒采用四引擎：国际领先的常规反病毒引擎——国际性价比排名靠前的BitDefender引擎、修复引擎、360云引擎和360QVM人工智能引擎，强力杀毒，全面保护用户计算机安全，拥有完善的病毒防护体系。360杀毒轻巧快速、查杀能力超强、有可信程序数据库，可防止误杀。依托360安全中心的可信程序数据库，实时校验，为用户计算机提供全面保护。360杀毒采用领先的病毒查杀引擎及云安全技术，不但能查杀数百万种已知病毒，还能有效防御最新病毒的入侵。360杀毒病毒库每小时升级，让用户及时拥有最新的病毒清除能力。360杀毒有优化的系统设计，对系统运行速度的影响较小。360杀毒软件和360安全卫士配合使用，是安全上网的"黄金组合"。

3. 金山毒霸

金山毒霸是金山公司推出的计算机安全产品，监控、杀毒全面、可靠，占用系统资源较少。其软件的组合版功能强大（金山毒霸、金山网盾、金山卫士），集杀毒、监控、防木马、防漏洞为一体，是一款具有市场竞争力的杀毒软件。金山毒霸是一款应用"可信云查杀"的杀毒软件，全面超过主动防御及初级云安全等传统方法，采用本地正常文件白名单快速匹配技术，配合金山可信云端体系，实现了安全性与高检出率。

6.3 黑客的防范

6.3.1 黑客概述

黑客是英文Hacker的音译，原意为热衷于计算机程序的设计者，指对于任何计算机操作系统的奥秘都有强烈兴趣的人。黑客大多是程序员，他们具有操作系统和编程语言方面的高级知识。现在，"黑客"一词的普遍含义是指计算机系统的非法入侵者，是指利用某种技术手段、非法进入其权限以外的计算机网络空间的人。随着计算机和因特网的迅速发展，黑客的队伍也逐渐壮大起来，其成员也日益变得复杂多样，黑客已经成为一个群体，他们公开在网上交流，共享强有力的攻击工具，而且个个都喜欢标新立异、与众不同。今天的"黑客"几乎就是网络攻击者和破坏者的代名词。

6.3.2 黑客常用攻击方式

黑客攻击方式可分为非破坏性攻击和破坏性攻击两类。非破坏性攻击一般是为了扰乱系统的运行，并不盗窃系统资料，通常采用拒绝服务攻击或信息炸弹的方式；破坏性攻击是以侵入他人计算机系统、盗窃系统保密信息、破坏目标系统的数据为目的。下面介绍四种黑客常用的攻击手段。

1. 后门程序

由于程序员设计一些功能复杂的程序时，一般采用模块化的程序设计思想，将整个项目分割为多个功能模块，分别进行设计、调试，这时的后门就是一个模块的秘密入口。在程序开发阶段，后门便于测试、更改和增强模块功能。正常情况下，完成设计之后需要去掉各个模块的后门，不过有时由于疏忽或者其他原因（如将其留在程序中，便于日后访问、测试或维护）没有去掉后门，一些别有用心的人会利用穷举搜索法发现并利用这些后门，然后进入系统并发动攻击。

2. 信息炸弹

信息炸弹是指使用一些特殊工具软件，在短时间内向目标服务器发送大量超出系统负荷的信息，造成目标服务器超负荷、网络堵塞、系统崩溃的攻击手段。例如，向未打补丁的Windows系统发送特定组合的UDP数据包，会导致目标系统死机或重启；向某型号的路由器发送特定数据包，致使路由器死机；向某人的电子邮件发送大量的垃圾邮件，将此邮箱"撑爆"等。目前常见的信息炸弹有邮件炸弹、逻辑炸弹等。

3. 拒绝服务

拒绝服务又被称为分布式D.O.S攻击，它是使用超出被攻击目标处理能力的大量数据包消耗系统可用系统、带宽资源，最后致使网络服务瘫痪的一种攻击手段。作为攻击者，首先需要通过常规的黑客手段侵入并控制某个网站，然后在服务器上安装并启动一个可由攻击者发出的特殊指令来控制进程，攻击者把攻击对象的IP地址作为指令下达给进程的时候，这些进程就开始对目标主机发起攻击。这种方式可以集中大量的网络服务器带宽，对某个特定目标实施攻击，因而威力巨大，顷刻之间就可以使被攻击目标的带宽资源耗尽，导致服务器瘫痪。例如，在1999年，美国明尼苏达大学遭到的黑客攻击就属于这种方式。

4. 网络监听

网络监听是一种监视网络状态、数据流以及网络上传输信息的管理工具，它可以将网络接口设置在监听模式，并且可以截获网上传输的信息。也就是说，当黑客登录网络主机并取得超级用户权限后，若要登录其他主机，使用网络监听可以有效地截获网上的数据，这是黑客使用最多的方法。但是，网络监听只能应用于物理上连接于同一网段的主机，通常被用作获取用户口令。

6.3.3　常用黑客防范方法

黑客攻击的手法千变万化，所以黑客的防范也是一项十分复杂的技术。总的来说，防范黑客有如下几种方法。

- 实体安全的方法，包括管理好机房、网络服务器、线路和主机。
- 对数据进行加密。数据即使被他人截取，对方也很难获知其中的内容。
- 使用防火墙将内部系统和因特网隔离开来，防止来自外界的非法访问。
- 建立内部安全防范机制，防止内部信息资源或数据的泄露。
- 使用比较新的、安全性好的软件产品，不要使用陈旧落后的网络系统。
- 安装各种防范黑客的软件，如网络监测软件、漏洞检查软件等。

另外，还有两点非常重要。

1. 不要随意下载软件

不要从不可靠的渠道下载软件，也不要运行附带在电子邮件中的软件。如果确实需要下载软件，先把软件保存在硬盘上，使用杀毒软件检查过后再使用。

黑客引诱他人的一些常见方法如下所述。

- 发给你一封电子邮件，推荐一个很好的软件或者补丁程序。实际上应该清楚，任何一家软件公司都不会这么做。
- 提供一些黄色图片，告诉你下载一个软件之后就可以看到这些图片。

- 在FTP站点中放置一些感染了BO服务器的软件。

2. 管理好密码

不只在因特网中，在生活里也处处都需要使用密码，如到银行取款时。由于密码很多，所以管理好密码是一件十分重要的事情。

首先要给自己的密码分级别。例如，银行存款的密码是一个级别，在因特网上登录ISP的密码是一个级别，收发电子邮件的密码又是一个级别。级别设置的数量和个人爱好有关，同一级别的密码可以混用，但是不要把不同级别的密码混用。

密码的拼写不要太规则，最好的密码是毫无规律，混合了数字和字母，例如zewl997@kg1。

本章小结

本章从信息安全的概念着手，介绍了信息安全领域的安全防范知识，如计算机病毒的防范、黑客的防范等，帮助读者了解信息安全的重要意义，并掌握一定的防范方法。

习题

一、填空题

（1）信息安全通常包括五个属性，即：_____、_____、_____、_____、_____。

（2）常用的信息安全防御技术主要包括网络加密技术、防火墙技术、_____、_____、_____、_____等。

（3）计算机病毒一般具有_____、_____、_____、_____和隐蔽性等特征。

（4）常用的计算机杀毒软件有_____、_____、_____等。

（5）黑客攻击方式可分为_____和_____两类。

（6）黑客常用的攻击手段有_____、_____、_____、_____等。

二、问答题

（1）什么是信息安全？

（2）什么是计算机病毒？

（3）简述计算机病毒的常见症状。

（4）什么是黑客？

第**7**章

计算机网络基础

本章导读◢

　　自20世纪60年代计算机网络问世以来，已普遍应用于人们学习、工作的各个方面。在家中、学校、公司，都可以通过网络连接因特网，浏览网页、下载或上传文件、网络聊天、发送或接收电子邮件、网络游戏、网络办公管理等。网络极大地拓展了人们获取信息、与他人交流的渠道，丰富了人们的生活、工作、学习和娱乐方式。

本章要点

- 计算机网络基础知识
- 局域网技术
- 无线网络
- Windows 7网络功能
- 因特网基础
- 因特网上的信息服务
- 网页设计技术简介

学习目标

计算机网络是计算机技术和通信技术二者高度发展和密切结合而形成的，它经历了一个从简单到复杂、从低级到高级的演变过程。近十几年来，计算机网络得到了迅猛发展，应用也越来越广泛。

在现代信息社会里，计算机已不单单只是进行数值计算的工具，它已经像移动电话、快餐和汽车那样成为人们生活的必需品，甚至是变成了娱乐、教育的必需品，这一切都基于计算机网络。如今，计算机网络已经给人们的工作、生活、学习乃至思维带来深刻的变革。

本章就来介绍计算机网络的基本概念、局域网的基本知识、因特网的基本知识与基本服务，以及网页制作等相关知识。

7.1 计算机网络基础知识

本节主要介绍计算机网络的基础知识，使读者了解构成网络的基本要素，如计算机网络的主要功能和分类、网络拓扑类型、网络传输介质、网络设备、网络协议等。

7.1.1 计算机网络概述及其组成

什么是计算机网络呢？实际上，它就是搭设的一个信息交换的公共链路，很多计算机都可以自由地挂接到其上来，包括提供服务的服务器以及接受服务的终端计算机。连接到计算机网络上的每一台计算机都是独立的，相互之间不存在主从或依附关系。

世界上最早的计算机网络诞生于1969年，被称作阿帕网（ARPAnet），当时只连了四个终端（是通过租借的电话线连起来的），只供科学家们使用。

后来，各大型公司都开发了自己的网络技术，公司内部计算机可以相互连接。但是每个公司的连接标准都不一样，没有统一的规范，计算机之间相互传输的信息对方不能理解，造成不同公司生产的产品之间无法实现互连。

为此，在1985年，ISO（国际标准化组织）为了使网络应用更为普及，推出了OSI参考模型（即：开放式系统互联）。

1986年，美国国家科学基金会（NSF）组建了NSFNet网（它是最早采用TCP/IP协议的网络之一），用于连接全美国6个超级计算机中心。从此，逐渐有了因特网的雏形。

值得一提的是，NSFNet主干网的速率是56Kb/s，下载速率仅相当于7Kb/s，与我国第一代电话线拨号上网的速率相同。1988年7月，NSFNet主干网的速率升级到1.5Mb/s。1988年，法国和加拿大接入NSFNet。在1989至1993年之间，每年都有十到十二个国家接入NSFNet。到了1993年，NSFNet主干网的速率已提高到45Mb/s。到1994年，共有21个国家接入NSFNet（包括我国）。

1995年，NSFNet被新一代的因特网主干网所取代（此时已有93个国家接入）。1996年，因特网主干网提速到155Mbit/s。1998年，因特网主干网的网速进一步提高至2.5Gbit/s。这样，随着越来越多国家的加入以及网速速率的不断提高，形成了今天世界范围内广泛应用的计算机互连网络——因特网。

提示　　我国自1980年开始尝试组建单位局域网。1989年11月，建成第一个公用分组交换网。1994年，中国科学技术网（CSTNET）通过一条速率为64Kb/s的专线接入NSFNET，正式成为国际互联网大家庭中的一员。

　　1995年1月，邮电部电信总局通过电话网（使用调制解调器进行电话线拨号，如16900等，用户名和密码相同）、DDN专线（即专线连接）以及X.25网等方式开始向社会提供因特网接入服务。

下面介绍计算机网络的构成，它主要由图7-1所示的几大部分组成。

● 数据通信链路。数据通信链路是构成计算机网络的主通道（相当于人体的神经系统）。目前，构成这个通道的主要介质是光纤，其他使用比较多见的是双绞线；另外还有用于链接这些信号传输介质的通信控制设备，如集线器、路由器、交换机、网卡等。这样，至少在物理上可以将计算机连接在一起了。

提示　　这些计算机骨干网络是谁搭建的呢？目前在中国，主要由中国联通、中国电信和中国移动（被称作"三大通信运营商"）来搭建和运营。所以，我们要连接上网，通常也需要找这些公司，来购买他们的线路（接入点），然后才能连接上网。

● 网络协议。光有硬件的数据链路是无法完成数据传输和信息共享的。就像语言不同，无法进行沟通一样。所以，必须为计算机在网络环境中信号的传输制订一定的规则或约定，而这些规则、约定或标准等就被称为网络协议（关于这些网络协议的详细说明，详见第7.1.5节）。

● 计算机。计算机是网络的终端设备，也是我们利用计算机网络的重要工具。它可以快速地将要传递的信息编码为计算机网络所能读懂的信息，进而传递出去（当然要在软件的帮助下），然后再将计算机传递回来的信息，解码为能看得懂的信息（或传递给相关机器，如物联网中的电冰箱、电饭煲、洗衣机等）。

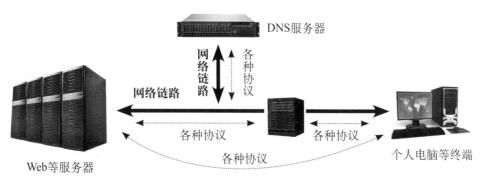

图7-1 计算机网络组成

提示

实际上，现在计算机网络已经覆盖了非常宽的领域，如电话、视频通信、物联网等。国家也正提倡三网融合，即将电信网、广播电视网和计算机互联网三网以计算机网为核心融合到一起，通过一条线路，提供语音、数据、图像等综合多媒体通信服务。

● 网络操作系统和网络应用软件。所谓网络操作系统，就是能够驱动计算机完成网络通信的操作系统，目前大多数操作系统（如Windows、Linux、UNIX等）都具备这个功能。所谓网络应用软件，是指在操作系统的平台上，驱动计算机实现某方面网络功能的软件，如IE浏览器、QQ、各种网络游戏软件等，都属于网络应用软件。

 ### 7.1.2 计算机网络的主要功能和分类

计算机网络主要提供如下功能。

● 数据通信。实现计算机与计算机、计算机与终端之间的数据传输，是计算机网络的最基本功能，也是实现其他功能的基础，如电子邮件等。

● 资源共享。资源共享是组建计算机网络的重要目的之一。这里的共享，包括人力资源共享以及硬件共享等，如在线教育、远程医疗以及远程打印等。

● 信息共享。当前，通过网络就可以学到公共网络课程或是碎片化知识，网店的蓬勃发展，让买家和卖家之间的距离缩短了，商品生产出来，可能就直接流向了消费者，降低了流通成本，节约了社会成本，提高了生产效率。

● 协同办公：通过网络，在软件的帮助下，可以很方便地实现多人协同开发产品，可以召开网络会议或电视电话会议，可以多人合作修改同一篇稿件，可以实现办公流程化、自动化，从而大大提高办公效率，降低企业或国家单位的运营成本。

● 企业管理。通过网络，在软件的帮助下，可以随时知道公司的出货量和库存，可以随时汇总公司当天的营销业绩，可以随时统计公司盈亏状况等，这对于企业核算和管理来说，大大减轻了财会人员的负担，更加便于领导人员掌控业务。

● 其他功能。例如，电子地图让人们随时都能找到回家的路；打车软件既方便了出租车，也方便了打车人；网络银行令人们汇款不用跑银行；股票软件用手机就可炒股；网络游戏令成千上万人一起玩……这些无一不是以计算机网络为基础的。

下面介绍计算机网络的类型。依据不同的分类标准，计算机网络可以有很多分类方式，具体如下所述。

- 按拓扑结构分：有星形、树形、网状、蜂窝状、总线型和环形结构。
- 按传输介质分：有同轴电缆、双绞线、光纤和卫星通信网。
- 按网络节点分布分：有局域网、广域网和城域网。
- 按交换技术分：有电路交换网、报文交换网和分组交换网。
- 按传输技术分：有广播网、非广播多路访问网和点到点网。

7.1.3 网络拓扑结构

网络的拓扑结构是指网络的物理连接形式，它从拓扑学的观点出发，不考虑实际网络的地理位置，把网络中的计算机和通信设备抽象为一个点，把传输介质抽象为一条线，这样绘制出来的几何图形就是计算机网络的拓扑结构。

目前常见的计算机拓扑结构有如下几种。

- 星形拓扑结构。它是目前使用最多的拓扑结构（也是最常见的局域网组网方式），它是以中央节点为中心，各个节点与中央节点相连，由中央节点提供交换功能，通过执行集中式通信控制策略而构成网络的连接方式，如图7-2所示。

提示　　星形拓扑结构的优点在于：中心节点易于集中管理和控制，传输率高，各节点可同时传输；可靠性高，某个节点故障不影响整个网络；结构与访问协议简单、建网容易且易于维护。缺点是过于依赖中央节点，当中央节点发生故障时，整个网络便处于瘫痪状态，所以对中央节点的质量要求非常高。

- 树形拓扑结构。树形拓扑结构由星形拓扑结构演变而来的，形状像一棵倒置的树。它有一个带分支的根，每个分支还可再延伸出若干个分支，如图7-3所示。

提示　　树形拓扑结构的优缺点与星形拓扑基本相同，优点是易于扩充、故障隔离容易，缺点是各个节点对根节点的依赖性太大，如果根节点发生故障，则全网不能正常工作。

图7-2　星形拓扑结构

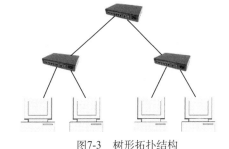

图7-3　树形拓扑结构

- 网状拓扑结构。在网状拓扑结构中，网络的每台设备（节点）至少与其他两个设备（节点）相连，如图7-4所示。这种连接不经济，安装复杂，但系统可靠性高，容错能力强。网状拓扑结构一般只用于因特网骨干网上，使用路由算法来计算发送数据的最佳路径。

● 蜂窝拓扑结构。此种拓扑结构是通过无线传输介质（如无线信号塔）将要传输的区域划分为很多个六边形方格，以保证在方格区域内及方格区域间的静态或移动连接，如图7-5所示。蜂窝网络拓扑结构主要用于移动电话网。

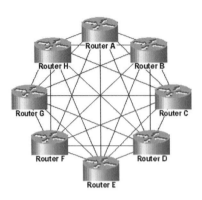

图7-4 网状拓扑结构　　　　　　　　　图7-5 蜂窝拓扑结构

● 总线型拓扑结构。此种拓扑结构的网络上的每个节点均连接到一条开路、无源的总线上；总线两端为反射电阻，用以削弱到达两端的信号，降低信号的反射，如图7-6所示。总线结构具有结构简单、费用低的优点，缺点是一次只能有一个节点发送数据，速率慢，不能连接太多计算机（通常不多于20台计算机），且排除故障较难。所以，此种网络目前基本上已被淘汰。

● 环形拓扑结构。环形拓扑结构是一种闭合的总线结构，网络中各个节点通过环路接口的中断器连接在一个闭合环形线路中，信息在环路中沿固定方向流动，两节点间只有唯一的通路，如图7-7所示。环形拓扑与总线型拓扑相同，具有投资金额小、网络实现简单的优点，但是同样面对一次只能有一个节点发送数据，速率慢，不能连太多计算机、故障排除困难等问题，所以目前也很少有单位再使用这种拓扑结构了。

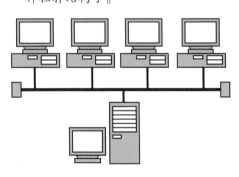 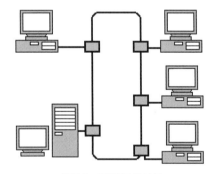

图7-6 总线型拓扑结构　　　　　　　　图7-7 环形拓扑结构

 ### 7.1.4 网络传输介质和网络设备

目前，常用的网络传输介质有双绞线、光缆、同轴电缆和无线传输媒介这四种类型，具体介绍如下。

1. 双绞线

双绞线是目前局域网中使用频率最高的一种网线。它实际上分为1类、2类、3类、4类、5类、超5类、6类和7类等八种类型，此外还有屏蔽（STP）和非屏蔽（UTP）之分。1至5类双绞线（这里都是指非屏蔽双绞线）已经较少使用，这里重点介绍其他三类双绞线。

- 超5类双绞线：此类网线在塑料绝缘外皮里面包裹着八根信号线，它们每两根为一对相互缠绕，所以共有四对（其他双绞线也是四对，只是结构不同），如图7-8所示。超5类双绞线在线体上标注有cat 5e字符，而5类双绞线标注的是cat 5。

提示　　超5类双绞线价格便宜，是组建百兆局域网的首选。实际上，超5类双绞线也可以用于组建千兆局域网（只是线的接法不同），不过距离不能太长（10m以内）。

此外，用超5类线组百兆网时，只会用到其中的2对线（一对发送、一对接收），而用其组建千兆网时，将用到全部4对线（两对发送、两对接收）。

- 6类双绞线：此类网线与超5类双绞线相比，主要就是在四对电缆的中间增加了绝缘的十字骨架，如图7-9所示，将双绞线的四对线分别置于十字骨架的四个凹槽内，此外电缆的直径也会更粗一些。6类双绞线在线体上标注有cat 6字符。

提示　　6类双绞线可用于组建千兆局域网（也就是100Mb/s的传输速度），其连接距离可达到100m。

- 7类双绞线：7类线是一种8芯屏蔽线，每对都有一个屏蔽层（一般为铝箔屏蔽），然后8根芯外还有一个屏蔽层（一般为镀锡铜编织网屏蔽），如图7-10所示。7类双绞线一般标注为cat 7。

图7-8　超5类双绞线　　　　　图7-9　6类双绞线　　　　　图7-10　7类双绞线

提示　　7类双绞线，可用于组建万兆局域网（也就是1 000Mb/s的传输速度，实际上这已经大大超出了目前普通硬盘的读盘速度，所以对于普通用户来说，一般用不到这么高的网速）。

此外，7类双绞线的水晶头也是具有金属屏蔽层的，而且通常不适合用网线钳手工制作（很难达到标准），所以应尽量选用工厂生产的成品7类网线。

用于双绞线传输的网络设备主要有集线器、交换机、路由器和网卡等设备，如图7-11～图7-13所示。

其中集线器和交换机的功能基本相同，都是星形拓扑结构局域网的中心设备，可通过双绞线将各个终端连接起来，从而组建局域网，令各个数据终端可以顺畅交换数据。

集线器可算作低端设备，数据传输容易受到各个端口的影响，而交换机上的所有端口均有独享的信道带宽，可以保证每个端口上数据的快速有效传输。

图7-11　交换机

图7-12　路由器　　　　　　图7-13　网卡

提示　　目前集线器基本上已被淘汰，市面销售的、用于搭建双绞线局域网的大多都是交换机。

路由器与交换机不同的是（用在局域网中）多具有两个功能：一个是交换机的组建局域网的功能（提供多个RJ-45网卡接口），另一个是连接外网的路由功能（WAN口，当然也有只具有连接外网功能的单功能路由器）。

如果用在广域网中，实际上路由器的主要功能是寻址功能。在路由器中，有一个路由表（相当于因特网地图），当输入某个地址要连接（或访问）某台计算机时，计算机首先将数据提交给路由器，然后路由器就在其自己的路由表中查找是否有记录到达这台计算机的路径。如找到了相关路径，就根据路径表的提示，将数据包转移到下一级路由器。如果没有找着，那么就直接将数据包转移到其上一级的路由器，直至最终找到要访问的那台计算机。

目前，大多数网卡都集成到了主板上，所以在主板上只能看到一个LAN接口，用于插接RJ-45五类双绞线。目前单独出售的网卡，多是高速率的的网卡，如千兆网卡和万兆网卡等。

2. 光缆

光缆也是重要的组网网线，它是以玻璃纤维为导体，以光信号为载体，作为传播信息流的网络传输介质。

光缆（这里主要指光缆内的光纤）是如何传输信号的呢？原理非常简单。首先设定有光为1、无光为0（或相反），然后在光纤的一头不断地调整光的打开和关闭，即可将电信号转为光信号获得要发射的信号。因为光纤具有传光的特性，在光纤的另外一头可收到相同的光信号，然后把光信号还原为电信号，即可完成信号的传输。

提示　　你也许要问，只是这样不断地开光关光（类似于震动），就可以实现快速传播信号吗？速度会不会很慢呢？实际上不会，由于我们可以将光的发光和闭光时间缩短到足够短的时间，如一秒振动85 899 345 920次（即85 899 345 920Hz），按照振动一次传播一位、8位为一个字节、1 024字节为1KB、1 024KB为1MB、1 024MB为1GB来计算，即可实现80Gbps（相当于10Gb/s）的传播速度了。

光缆主要由缆心（光纤）和外围的包层组成，外围包层可达五六层，如防水层、加强钢丝、护套等（用于海底的光缆，其保护层会多达10层以上），如图7-14所示。

图7-14 光纤的结构

光纤的分类方法很多，比较常见的分类方式是按照光在光纤中的传播方式，将光纤分为单模光纤和多模光纤。其中，单模光纤是指在一根光纤中只传播一种模式的光，单模光纤较细，芯径一般为8~12nm；多模光纤是指在一根光纤中同时传播多种模式的光，相比于单模光纤，多模光纤较粗一些，芯径一般为50～100nm。

单模光纤的优点是损耗低，所以可以传播比较远的距离（上百公里不用加中继）；色散很小或为零，所以特别适合长距离、大数据量的传输，可用于组建主干网络。

多模光纤的优点是由于光纤芯径较粗，这样单根光纤上可以传播更多的光功率（简单地说就是传过来的光比较亮），从而可以使用较为廉价的耦合器和接线器等，有利于降低工程造价。多模光纤的缺点是光信号的损耗与色散都比较大，所以传播距离和传播带宽都受到限制。由于以上特点，多模光纤可用于局域网或用于组建数据中心等。

不过，现在使用较广的仍然是单模光纤。

> **提示**　如何判断光纤的质量好坏呢？通常通过两方面来判断。一方面是外围包层的质量，首先要有足够的防护能力，以保证可以长期使用（至少保证稳定运行25年以上）；另外一方面是纤芯的质量，要有较低的衰减系数，通常工程中的光纤要求1 310nm波长的光通过时衰减不大于0.35dB/km，而1 550nm不大于0.21dB/km。

用于光纤传输的网络设备，目前主要有光纤交换机、光纤调制解调器（光猫）、光纤路由器和光纤网卡等设备，如图7-15～图7-17所示。

图7-15 光纤交换机　　　　图7-16 光猫　　　　图7-17 光纤网卡

光纤交换机和光纤路由器与用于双绞线中的交换机和路由器的作用相同，只是这里是用于光纤网络，此处不再解释。光纤调制解调器用于将光信号转换为网线（双绞线）信号，是常用的光纤入户端口设备；转换后，就可以再通过双绞线连接到计算机上了。光纤网卡可直接插到计算机的PCI-E接口上，而无需光纤调制解调器的转换，可令计算机直接连接光纤上网了，而且保证了传输速率。

3. 同轴电缆

同轴电缆是中间一根铜导线，然后外面有一层金属网状屏蔽层，屏蔽层和导线之间有绝缘层，同轴电缆的最外面有护套，如图7-18所示。

护套 ———— 金属网状屏蔽层 ———— 绝缘层 ———— 导体

图7-18　同轴电缆的构造

同轴电缆有基带同轴电缆和宽带同轴电缆之分。基带同轴电缆的特征阻抗为50Ω，只用于传输数字信号，是之前总线型拓扑结构局域网的主要传输介质。宽带同轴电缆的特征阻抗为75Ω，既可以传输模拟信号，也可以传输数字信号。

目前，同轴电缆主要用于传播有线数字电视信号（伴随几路模拟信号，用75Ω宽带同轴电缆），也可以同时提供宽带上网服务，此外还可以用于监控（多使用50Ω基带同轴电缆）。

提示　同轴电缆之前之所以广泛用于监控行业，主要是因为相对来说，传播距离较长（300米左右）、价格便宜、连接方便，但是随着新技术的发展，目前使用双绞线做监控线的越来越多。这主要是因为双绞线较软，布线容易，且一条双绞线可连4个摄像头，具有价格优势。此外，通过使用有源收发器可将连接距离扩展到1 500米左右，而且使用差分传输法的双绞线，其抗干扰能力也强于同轴电缆。

用于同轴电缆传输的网络设备，目前主要有BNC接口的网卡和BNC接口的交换机等，如图7-19和图7-20所示，其作用与前面介绍的用于双绞线网络中的设备相同。此外，用于监控的，除了同轴摄像头外，另外一端多使用同轴硬盘录像机，可以一次接入多路摄像头图像（想了解更多知识，请参考更多其他专业书籍）。

图7-19　BNC接口网卡　　　　　　　图7-20　BNC接口交换机

4. 无线传输媒介

上面三种传输介质都为有线介质。有线介质的优点是传输信号稳定，受天气等外界的干扰较少；缺点是需要预留一定的空间来布置线路，既增加了安装成本，也容易影响美观。所以，目前无线传输媒介发展迅速，大有代替有线媒介的趋势。

无线传输媒介主要包括WLAN（无线局域网）、移动通信技术（5G、4G等）、蓝牙和红外线等几种类型。它们有一个共同点，就是都是通过电磁波来传输信息的。

其中WLAN又分为WiFi和WAPI两种技术标准。WiFi是国外技术标准，WAPI是国内技术标准。WAPI的特点是安全性高一些，但是应用得较少（部分手机有集成），所以目前WiFi是主流无线局域网标准，在家庭、公司、咖啡馆等各种场合应用广泛。

> 提示　　使用WiFi无线路由器，可以很容易地连接因特网（如连光纤、ADSL等），并组建内部局域网，可令手机上网等（本书第7.3节将详细讲解其连接方法）。

WiFi目前有IEEE 802.11b、a、g、n、ac和ax几种技术标准，其支持的最大速率分别为11Mb/s、54Mb/s、54Mb/s、600Mb/s和1Gb/s，其中，802.11n和802.11ac是主流。802.11n的实际传输速率能达到20M/s左右，802.11ac能达到60Mb/s左右。不过不同产品有很大差异，这与其具体提供的信号带宽有关。

随着移动通信技术的不断发展，4G网络已经能够提供比较快的传输速度，而且新推的5G网络的传输速率最高可达10Gb/s，所以已得到越来越广泛的应用。

4G移动通信技术目前有两个标准，分别为TD-LTE（TDD）和FDD-LTE（FDD）技术标准，其中前者为中国主导的技术标准，后者为欧美主导的技术标准。目前，这两种4G技术标准都能提供100Mb/s~150Mb/s的下行网络带宽，即：可以达到12.5Mb/s~18.75Mb/s的下载速度。

5G网络的数据传输速率远远高于以前的蜂窝网络，最高可达10Gb/s，比当前的有线互联网还要快，而且比当前的4G LTE蜂窝网络快100倍。5G网络具有较低的网络延迟，几乎低于1毫秒，而4G的网络延迟为30～70毫秒。由于数据传输更快，5G网络将不仅为手机提供服务，还将成为一般性家庭和办公网络提供商，与有线网络提供商竞争。

> 提示　　既然有了WiFi，为什么还要使用4G或5G呢？多架设几个WiFi无线路由器不就可以了吗？实际上，它们有相似之处，如WiFi使用2.4GHz和5GHz两个频段，4G使用2.1GHz、2.3GHz和2.6GHz等频段。但是，4G和5G具有超高网速、超低延迟、超广连接的特点。在安全性方面，4G或5G还拥有完整的鉴权加密机制。因此，相对WiFi来说，4G或5G具有更明显的优势。

此外，目前应用较广的还有蓝牙技术（目前大部分手机都有配置），它的技术特点是模块体积很小、耗电小，具有较强的抗干扰能力，所以非常适合用在个人移动设备中。蓝牙技术的缺点是带宽较窄（下载速度能达到100Kb/s左右）、传输距离短（10m以内，多在3m或5m）、穿透力弱，所以目前主要应用于蓝牙耳机，用于实现无线通话。

红外线数据传输目前主要用于遥控器。红外线数据传输的技术特点是适于进行小角度（30°锥角以内）、短距离、点对点的直线数据传输。红外线接口，在早期手机中也有集成，用于传输数据，但速度慢，且用于传输的两个手机必须靠得很近才能连接和传输数据，而在传输的过程中，手机不能移动，所以现在已经很少见了。

目前用于无线传输媒介的网络设备主要有无线路由器、无线网卡、蓝牙适配器和无线卡托等，如图7-21～图7-24所示。

其中，无线路由器和无线网卡可用于组建局域网。蓝牙适配器可插在计算机的USB口上，然后与手机交换数据，或与蓝牙耳机相连，用蓝牙耳机收听计算机上的音乐。使用4G无线卡托可插入4G手机卡，然后插入计算机的USB口，令计算机通过4G卡上网。

图7-21　无线路由器　　　图7-22　无线网卡　　　图7-23　蓝牙适配器　　　图7-24　无线卡托

7.1.5　网络协议与体系结构

前面介绍过，为了令计算机之间可以互相"认识"，必须为它们规定统一的交流规则，所以就诞生了OSI体系结构（开放式系统互连）。

OSI参考模型共有七层，由低到高分别是物理层、数据链路层、网络层、传输层、会话层、表示层和应用层，如图7-25所示。

第7层	应用层（Application Layer）
第6层	表示层（Presentation Layer）
第5层	会话层（Session Layer）
第4层	传输层（Transport Layer）
第3层	网络层（Network Layer）
第2层	数据链路层（Data Link Layer）
第1层	物理层（Physical Layer）

图7-25　OSI参考模型的7层结构

各层的作用具体如下所述。

● 物理层：用于保证可以在物理媒体上传输原始的数据流。此层的协议主要包括EIA/TIA RS-232、EIA/TIA RS-449、V.35、RJ-45。网卡即工作在此层。

● 数据链路层：将数据分成一个个数据帧，以数据帧为单位传输。此层的协议主要包括SDLC、HDLC、PPP、STP、帧中继。交换机即工作在此层。

● 网络层：将数据分成一定长度的分组，将分组穿过通信子网，从出发地选择路径后传到目的地。此层的协议主要包括IP、IPX、ICMP、RIP、OSPF。路由器即工作在此层。

- 传输层：负责分割、组合数据，实现端到端的逻辑连接。此层的协议主要包括TCP、UDP、SPX。例如，QQ就是采用UDP协议来传输数据的。
- 会话层：进程间的对话也称为会话，会话层负责管理不同主机上各进程间的对话。此层的协议主要包括NFS、SQL、RPC、X-WINDOWS、ASP。例如，Windows操作系统的远程打印和远程桌面连接就工作在此层。
- 表示层：负责数据的编码、转化，并根据不同的应用目的将数据处理为不同的格式，例如，可将图片保存为JPG格式或是GIF格式等。此层的协议主要包括ASCII、EBCDIC、JPEG、GIF、MIDI等。Word、ACDSee等应用软件工作在此层。
- 应用层：这一层负责确定通信对象，并确保有足够的资源用于通信。此层的协议主要包括TELNET、FTP、TFTP、SMTP、SNMP、HTTP、BOOTP、DHCP、DNS等。例如，IE浏览器、Outlook电子邮件管理程序等应用软件工作在此层。

此外，除了OSI参考模型外，还有TCP/IP参考模型。TCP/IP参考模型分为四层，其中各层功能为："网络接口层"对应OSI参考模型的"物理层"和"数据链路层"；"网络层"对应"网络层"；"传输层"对应"传输层"；"应用层"对应OSI参考模型的"会话层""表示层"和"应用层"。

OSI参考模型是国际标准化组织定义的模型，是一种比较完善的体系结构，为我们提供了一个体系分层的参考，有着很好的指导作用。但是，这个参考模型有很多重复、过于复杂且不实用的内容。TCP/IP层次相对要简单得多，且更具实用性，所以得到广泛应用。现在的计算机网络大多是TCP/IP体系结构。

7.1.6 数据通信基础

计算机网络的根本是数据通信，为了令大家能更好地理解计算机网络的相关理论和技术，有必要学习一些数据通信的基础知识，包括数字信号与模拟信号、数据通信的主要技术指标、数字信号的调制、数据传输方式以及数据交换技术等，具体介绍如下。

1. 数字信号与模拟信号

现实生活中，经常会听到数字有线电视之类的词汇。那么，什么是数字呢？实际上，所谓的数字信号，就是由0和1构成的二进制代码信号，而0和1的表达方式是提前制定好的（如用高低电平、有光无光等）。数字信号通常不直接产生驱动作用，而是需要一系列的转换，才能表达出正确的值。

模拟信号是由传感器采集得到的连续变化的信号。例如，在模拟电话机中，我们对着话筒讲话，通过振动改变话筒中相应电路的电压，这个电压的变化被电话线同步传递到了听者的话筒上，并被增益放大、驱动振膜振动，听者就可以听到声音了。在这个传递的过程中，信号波形未被重组过，而是原样传递过去。

模拟信号与数字信号相比，其优点是失真小且容易实现，但模拟信号存在保密性差、抗干扰弱和无法有效地利用频道资源的缺点，所以目前在很多领域正逐渐被数字信号设备所取代。

2. 数据通信的主要技术指标

在数据通信中，主要有如下技术指标。

- 带宽。带宽即传输信号的最高频率与最低频率之差（有时候就是最高频率）。这个比较好理解，如电磁波振动得越快，就可以表达更多的信息。4G技术可以提供150Mb/s的网络带宽。

 提示　需要注意的是，150Mb/s并非表明用于传递数据的电磁波的频率为150MHz。实际上，上面介绍过4G的工作频段可以为2.1GHz（或2.3GHz等），之所以使用2.1GHz的电磁波来传递信号，是因为这些信号是以载波的形式被传递的（更多知识详见其他专业书籍）。

- 比特率。在数据通信中，比特率是衡量数字信号传输速率的单位。也就是上面经常提到的Mb/s，表示比特/秒，表示单位时间内传输的二进制代码的有效位（bit）数。每秒千比特数就是Kb/ss，每秒兆比特数则是Mb/s。

 提示　因为一个字节是8位二进制位，所以10M的宽带，其下载的最大速度应当是10/8=1.25MB/s，而不是10MB/s。

- 误码率。误码率指的是在传输过程中出现错误的比率。在计算机网络中，一般要求数字信号误码率低于10^{-6}）。

3. 数字信号的调制

将数字传输信号加载到另一个高频率波形上，称之为数字信号的调制，也就是一种载波传送的方式。大多数无线信号之所以都是以高频信号波的形式传送，主要是因为无线信号频率高则便于发射，且利于加载更多的信息量。

通常选择正弦波作为载波，这主要是因为正弦波形式简单，便于发送和接收。通常将数字调制技术分为以下三种类型，如图7-26所示。

- 调幅：使载波的振幅按照所需传送信号的变化规律而变化，但载波频率保持不变的调制方法。使用此种调制方法，载波振幅也可能发生变化。
- 调频：使载波的频率按照所需传送信号的变化规律而变化。使用此种调制方法，通常载波的振幅不变。
- 调相：使载波的相位按照所需传送信号的变化规律而变化，但载波频率保持不变的调制方法。

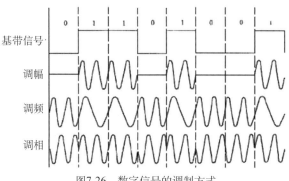

图7-26　数字信号的调制方式

4. 数据传输方式

按照调制方式划分，可将数字信号的传输方式分为基带传输和频带传输。

- 基带传输：是指通过有线信道等直接将基带信号原封不动进行传送的方式。一般用于传输距离较近的数字通信系统，如局域网和计算机内部的通信。

> 基带信号是直接用两种不同的电压来表示数字信号1和0。将对应矩形电脉冲信号的固有频率称为"基带"，相应的信号称为"基带信号"。

- 频带传输：将基带信号调制成模拟信号后再发送和传输，到达接收端时，再把模拟信号解调成原来基带信号的传输方式。一般用于远距离的数字通信，如无线数据通信、4G或5G网络等。

根据一次传输数位的多少划分，可将基带传输分为并行传输和串行传输。

- 并行传输：使用此种方式，虽然通道多，但是要求并行的各条线路同步，而信号在传递过程中容易发生延迟与畸变，较难实现并行同步。实际上并行传输不如串行传输速度快，所以，串口硬盘代替了并口硬盘。
- 串行传输：使用此种方式，所有数据都通过一个信道传递，只要保证较高的频率，即可实现较快的信息传递速度，不必考虑同步问题，因此成为主流。

按照发送端和接收端的同步方式划分，可将数字信号的传输方式分为同步传输和异步传输。

- 同步传输：由发送器或接收器提供专用于同步的时钟信号，接收器接收信息位的行为要和发送器的发送行为保持准确同步。
- 异步传输：发送器和接收器具有相互独立的时钟，两者中任一方都不向对方提供时钟同步信号。使用异步传输，发送器可以在任何时刻发送数据，而接收器必须随时都处于准备接收数据的状态。

> 计算机主机与输入、输出设备之间一般采用异步传输方式，如键盘接口等。

此外，还有单工方式、半双工和全双工传递方式，也就是双向和单向传输的意思（半双工为一个信道双向传输，全双工为两个信道）。

5. 数据交换技术

在交换网络中，站点之间需要通过有关节点之间的数据交换才能实现数据通信。基本的交换技术有两类——电路交换与存储转发，存储转发又可以分为报文交换和分组交换。

- 电路交换。使用此种交换方式，是在两个站点之间通过通信子网的节点（如程控交换机）建立一条专用的通信链路。实际上就是在两个通信点之间建立实际的物理连接，典型实例是两台电话之间通过公共电话网络的互连实现通话。
- 报文交换。电路交换的优点是实时性好，但是存在通信带宽不能充分利用等缺点，因此研究出了报文交换。报文交换通过通信子网上的节点暂存转发过来的数据，等线路空闲时，根据报文地址选择线路把它传到下一个节点，直至到达目的站点。

- 分组交换。报文交换的缺点是由于报文的长度可以随意长，当报文较长时会造成很大的传输延迟，无法满足实时或交互式通信的要求。分组交换限制每次所传输数据单位的长度，对于超过长度的数据分成等长的小单位（称为分组），然后顺序发送，这样可将传输延迟尽量缩小，满足各种通信需要。

7.2 局域网技术

本节介绍局域网，包括局域网概述、局域网的硬件组成和网络操作系统等三部分内容。

7.2.1 局域网概述

局域网（Local Area Network，LAN）是指在某一区域内由多台计算机互连而成的计算机网络。局域网通常局限在一个公司或厂区内部。通过局域网，可以实现文件管理与共享、打印机共享、扫描仪共享、公司内部通信与管理等功能。

由于局限在较小的地理范围内组建，所以，相较于广域网，局域网可以具有更高的传输速率，如百兆网、千兆网和万兆网等。

局域网通常使用TCP/IP通信协议，在完成硬件连接后，设置相同网段的IP地址或设置自动获得IP地址，即可实现互连互通。

此外，在局域网组建后，系统会自动指定一台计算机作为DNS服务器（通常是性能最好的那台计算机），使我们可以通过其他计算机的计算机名称，来访问其共享的文件等资源。

局域网可通过一台路由器连接外网，共享上网带宽。

7.2.2 局域网的硬件组成

局域网中的硬件主要包括网线、交换机、网卡、路由器等设备，当然也包括终端的计算机。

除了上面介绍的这些设备外，当传输距离要求较长，可能还会在网线中间添加中继器，如图7-27所示。

此外，如果要在局域网中架设自己公司内部的管理系统（如OA、ERP等），通常还需要购买专用服务器，并设置专供服务器运行的机柜和机房等，如图7-28所示。

提示 也可以使用个人计算机作为服务器使用，只是个人计算机运行速度相对较慢，另外主要是安全性达不到要求，如果出现硬盘损坏等情况，将很容易丢失全部数据。而服务器可以通过RAID（磁盘阵列）技术，实现双硬盘或多硬盘备份，从而有效保障数据安全。

图7-27　双绞线中继器

图7-28　服务器机柜

7.2.3　网络操作系统

网络操作系统，通俗地说，就是能够保证正常连网的操作系统。目前的大多数操作系统都可以实现连网功能，如常见的Windows、Linux、UNIX、Netware等操作系统，以及手机上的安卓和OS X苹果系统等。

其中，在Windows操作系统家族中，Windows XP、Windows 7、Windows 8、Windows10是用于个人机的常用操作系统。Windows 2003、Windows 2008是服务器操作系统，常用来架构可以提供Web服务的服务器，也可以作为企业内部的服务器来使用。

Linux和UNIX操作系统，通常也可作为服务器使用。与Windows服务器系统相比，Linux和UNIX作为服务器，性能更加稳定一些，安全性也更强一些，但是Linux和UNIX的界面都比较差，所以不太适合作为计算机终端使用。

Netware操作系统主要作为服务器来使用，其文件服务功能非常强，此外，也常作为游戏服务器来使用。

7.3　无线网络

本节介绍无线局域网的组建过程，主要包括无线局域网网络设备、无线网卡的安装与配置，以及无线路由器的连接与配置三部分内容。

7.3.1　无线局域网网络设备

本小节主要介绍无线局域网的组建。WiFi无线局域网的网络设备主要包括无线路由器（或无线交换机）和无线网卡这两个设备。拥有了这两个设备就可以组建无线局域网了，非常方便。

提示　购买无线路由器和无线网卡时，应注意其支持的网络标准，要求兼容性强。

7.3.2　无线网卡的安装与配置

购回无线网卡后，可将其插入计算机的USB口，然后使用无线网卡启动光盘，安装好无线驱动程序（有些无线网卡会自动安装好驱动程序），此时即可在Windows 7系统的右下角发现一个带黄色警告信息的无线连接标志 ，这就说明无线网卡安装好了。

如果想让局域网内的所有计算机自动获得IP地址（即由无线路由器统一安排每台计算机的IP地址），那么就无需对无线网卡进行设置。

如果要自定义无线网卡的IP地址，就需要执行如下操作。

01 右击右下角的无线连接标志，执行"打开网络和共享中心"命令，在打开的界面中单击"更改适配器设置"链接，如图7-29所示。

02 在打开的操作界面中右击"无线网络连接"链接，执行"属性"命令，如图7-30所示，打开如图7-31所示的"无线网络连接 属性"对话框。

图7-29　单击"更改适配器设置"链接

图7-30　设置"无线网络连接"属性

03 在打开的"无线网络连接 属性"对话框中，选中"Internet 协议版本 4（TCP/IPv4）"复选框，单击"属性"按钮，打开"Internet 协议版本 4（TCP/IPv4） 属性"对话框。

04 如图7-32所示，按照规划，为无线网卡设置正确的IP地址、网关和DNS服务器，连续单击"确定"按钮，即可完成无线网卡的配置。

图7-31　设置协议属性

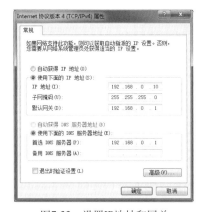

图7-32　设置IP地址和网关

 提示　初次组建无线局域网时，建议不配置无线网卡，以免造成不必要的麻烦，影响局域网的组建。

7.3.3 无线路由器的连接与配置

购回无线路由器后，打开路由器电源，如果此时无线网卡驱动已经安装完毕，则无需配置无线路由器，即可自动连接无线局域网了。如未连上，可单击右下角的无线连接标志 ，在打开的面板中单击"刷新"按钮，找到无线路由器提供的连接后，单击此连接，然后单击"连接"按钮即可，如图7-33所示。

图7-33　连接无线路由器

连上无线路由器后，如果已经接进了光纤或ADSL宽带等，可将宽带的网线接口插入无线路由器的WAN口（图7-34所示为路由器的连接图），在IE浏览器中输入路由器背面提供的IP地址，对路由器进行配置，然后就可以自动拨号连接上网了。

如果使用的无线网卡未能顺利连接无线路由器，那么可通过计算机的网卡接口（RJ-45接口）对路由器进行配置。

此时可使用一根双绞线（通常无线路由器自带），一头插入计算机的网卡接口，另外一头插入无线路由器的LAN口；然后将网卡的IP地址设置为自动获取，或与无线路由器相同的IP地址段（可参照前面对无线网卡的设置，对有线网卡的IP地址进行设置）。

下面介绍如何配置无线路由器，令其可以自动拨号连接因特网，以及如何为无线路由器设置无线连接密码。

01 根据路由器背面的提示，在IE浏览器（或其他浏览器）中，输入浏览器的IP地址（通常为192.168.0.1），按【Enter】键，打开"需要进行身份验证"对话框，如图7-35所示，根据路由器背面的提示，输入用户名和密码（通常都为admin），单击"登录"按钮，即可进入路由器配置界面。

02 在打开的界面中，在左侧单击"网络参数"→"WAN口配置"链接，如图7-36所示。

03 在打开的"以太网接入设置"操作界面中，按照图7-36所示进行设置："用户名"和"密码"使用宽带服务商提供的账号和密码；输入类型选择PPPoE（如为专线接入，可选择"静态IP地址"项），然后单击"保存"按钮，即可自动拨号上网了（拨上后，与无线路由器连接的设备就都能上网了）。

04 在操作界面左侧单击"无线设置"→"无线安全设置"链接，打开如图7-37所示的界面，然后选中"WPA-PSK/WPA2-PSK"单选按钮，并输入一个8位的PSK密码，最后单击"保存"按钮即可（如系统要求重启，按提示重启即可）。

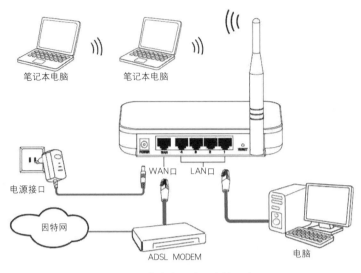

图7-34 无线路由器端口连接示意图

图7-35 无线路由器登录界面

图7-36 无线路由器设置虚拟拨号界面

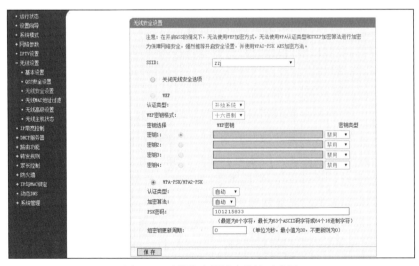

图7-37 无线路由器端口连接示意图

提示 在为路由器设置了无线连接密码后，当使用笔记本、台式机或手机等连接无线网时，都需要输入密码后，才能连接成功。

7.4 Windows 7网络功能

Windows 7的网络功能非常强大，可以很方便地访问和共享网络资源，并可将共享资源"映射"为网络驱动器等。本节将介绍其相关操作。

7.4.1 在局域网环境下的网络设置

在局域网环境下，使用Windows 7操作系统实现共享资源等功能，需要对网络进行适当的设置。

假设，此时已经通过无线网（或网线）将计算机连到了局域网。如未正确连接局域网，那么还需要按照第7.3.2节讲述的操作步骤，为连接局域网的网卡设置正确的IP地址（令局域网内的计算机处于相同的网段、不同的IP地址即可）。然后，按照如下操作，对Windows 7的网络环境进行适当设置。

01 右击右下角的网络连接标志，执行"打开网络和共享中心"命令，打开"网络和共享中心"操作界面，如图7-38所示。

02 单击"工作网络"链接，打开"设置网络位置"对话框，如图7-39所示，根据实际情况设置使用的网络环境，如"家庭网络"或"工作网络"等。通常为了连接顺畅，在不考虑安全的情况下，可选择"家庭网络"。

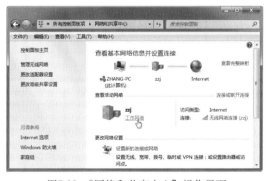

图7-38 "网络和共享中心"操作界面

图7-39 "设置网络位置"对话框

03 完成网络位置的设置后，回到图7-38所示的操作界面，单击"更改高级共享设置"链接，打开"高级共享设置"操作界面，然后按照图7-40所示，选择相应的单选按钮，对共享权限进行相应设置。

图7-40 "高级共享设置"操作界面

7.4.2 访问共享资源

Windows 7默认隐藏了桌面上的"网络"图标，要访问共享资源时，可先将其调出来。首先，右击桌面，执行"个性化"命令，打开"个性化"操作界面，如图7-41左图所示，单击"更改桌面图标"链接，打开"桌面图标设置"对话框，选中"网络"复选框后，单击"确定"按钮，如图7-41右图所示，即可在桌面出现"网络"图标。

调出"网络"图标后，双击"网络"图标，即可以列表的形式看到当前局域网中的各个计算机，如图7-42所示，单击某个计算机标志，即可看到此计算机终端共享的资源，如共享的文件夹、打印机等。

图7-41 调出"网络"图标

图7-42 访问共享资源

提示　如不想通过调出"网络"的方式访问局域网，也可以在"控制面板"中单击"网络和共享中心"链接，打开"网络和共享中心"操作界面，然后单击计算机和因特网中间连接的图标，即可访问局域网，如图7-43所示。

图7-43　另外一种访问共享资源的操作

7.4.3　设置共享资源

在Windows 7中设置共享资源非常简单，如图7-44所示。右击要共享的文件夹，执行"共享"菜单下的相应命令，即可共享文件夹。

其中，"家庭组（读取）"表示可令所共享的文件夹在其他计算机访问时只具有读取权限；"家庭组（读取/写入）"表示可读取和上传文件；"特定用户"可选择令某些用户访问共享资源。

图7-44　设置共享文件

如要设置共享打印机，可在"控制面板"中单击"设备和打印机"项，打开"设备和打印机"操作界面，如图7-45左图所示。右击要设置为共享的打印机，执行"打印机属性"命令，打开其属性对话框，切换到"共享"选项卡，如图7-45右图所示，选中"共享这台打印机"和"在客户端计算机上呈现打印作业"复选框即可。

第 **7** 章　计算机网络基础

图7-45　设置共享打印机操作

7.4.4 "映射"网络驱动器

通过第7.4.2节的操作，在找到其他计算机共享的文件夹后，右击此文件夹，执行"映射网络驱动器"命令，如图7-46左图所示。打开"映射网络驱动器"对话框，为映射的驱动器设置盘符，单击"确定"按钮，即可将此共享文件夹映射到本机，作为硬盘驱动器使用，如图7-46右图所示。

图7-46　映射网络驱动器

完成映射网络驱动器操作后，双击桌面上的"计算机"标志，打开"计算机"界面，如图7-47所示，在右侧驱动器列表中可以找到映射的网络驱动器。

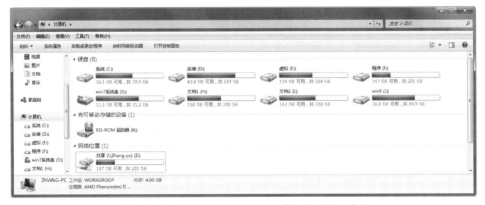

图7-47　在"计算机"界面中查看映射的网络驱动器

7.5 因特网基础

本节介绍Internet的相关知识，包括Internet的发展与现状、Internet在中国、Internet的组成、Internet地址和域名，以及Internet的接入方式等内容。

7.5.1 因特网的发展与现状

Internet的中文名字为因特网。本章前面对Internet做过相关介绍，其原型是1969年美国国防部建立的ARPAnet网，而在1986年又出现了NSFnet，最后以NSFnet为骨干，逐渐将全球的计算机纳入进来，形成了今天的Internet。

2014年，全球互联网用户已经超过30亿，占全球总人口的40%。宽带接入和手机上网则是主要的上网方式。

随着互联网的不断发展，互联网渗透到经济与社会活动的各个领域，有力地推动了信息全球化进程，互联网服务产业发展活跃，产生了众多具有全球影响力的互联网企业，如谷歌、雅虎、阿里巴巴、百度等。

7.5.2 因特网在中国

1994年3月，中国作为第71个国家级网加入Internet。经过二十几年的发展，当前我国的Internet已经进乡入户，很多乡村都已经实现了光缆入户，网络覆盖率和上网速度都有大幅提高。2019年，《中国互联网络发展状况统计报告》中详细分析了中国网民规模的情况，截至2019年6月，中国网民规模已近9亿。

互联网的普及，同样改变着我国人民的生活方式，比如，近几年的网购热催生了一大批电子商务企业，如阿里巴巴、美团、京东、小米、拼多多、携程旅行、苏宁易购、唯品会等。

7.5.3 因特网的组成

Internet是由光纤、双绞线等传输介质以及交换机、路由器等连接设备组成的。此外，作为Internet终端的主要是计算机、笔记本、平板电脑，这些年兴起的智能手机已成为连接Internet的主力。

在Internet中，为大众提供服务的计算机被称作服务器，它是Internet的重要组成部分。Internet中的服务器种类非常多，例如，用于域名转换的DNS服务器，用于提供文件下载的FTP服务器，用于提供网页浏览服务的Web服务器等。正是在这些服务器的支持下，才能享受到那么多的内容资源。

7.5.4 因特网地址和域名

在Internet上连接的每台计算机，都至少有一个单独属于自己的网络地址（就像是门牌号），这样在数据传输时才不会出现混乱。

怎样通过IP地址来标识网络中的每一台计算机？目前，在Internet里，IP地址是一个32位的二进制地址，用四个字节来表示，每个字节的数值范围是0~255，中间由小数点分开，如192.168.0.1。

32位的IP地址分成两部分：第一部分是网络地址，第二部分是主机地址。子网掩码用以识别IP地址中哪部分是网络地址，哪部分是主机地址。子网掩码中的1表明其相应部分是网络地址，而0则表明其相应部分是主机地址，这样便于根据网段寻址。

一般将IP地址按节点计算机所在网络规模的大小分为A、B、C三类。

1. A类地址（大型网络）

A类地址的前8位表示网络地址，其余24位表示主机地址。A类地址的表示范围为0.0.0.0~127.255.255.255，共126个A类网络。默认网络掩码为255.0.0.0。A类地址的每个网络可配置16 777 214台主机，可分配给规模特别大的网络使用。

2. B类地址（中型网络）

B类地址的前16位表示网络地址，其余16位表示主机地址。B类地址的表示范围为128.0.0.0~191.255.255.255，共16 384个B类网络，每个网络可配置65 534台主机。B类地址分配给一般的中型网络。

3. C类地址（小型网络）

C类地址的前24位表示网络地址，其余8位表示主机地址。C类地址的表示范围为192.0.0.0~223.255.255.255，共2 097 151个C类网络，每个网络可配置254台主机。C类地址分配给小型网络。

实际上，还存在着D类地址和E类地址。

D类地址的第一个字节以"1110"开始（地址范围为224.0.0.0~239.255.255.255），它是一个专门保留的地址，并不指向特定的网络。D类地址被用在多点广播中，用来一次寻址一组计算机。

E类地址以"11110"开始（地址范围为240.0.0.0~ 255.255.255.255），也是保留地址，目前主要用于因特网试验和开发。

此外，在A、B、C三类地址下，每一类都有专门供局域网使用的私有IP地址，其中A类为10.0.0.0~10.255.255.255，B类为172.16.0.0~172.31.255.255，C类为192.168.0.0~192.168.255.255，也就是说，处于这些地址段上的IP地址都是运行在局域网中的。它们实际上也是在配置局域网时可以配置的IP地址。

还有一些特殊的IP地址，例如，0.0.0.0对应当前主机；127.0.0.1到127.255.255.255用于回路测试；127.0.0.1代表本机IP地址。

下面介绍"域名系统"。使用IP地址代表计算机地址，精确但是难于记忆，所以人们又发明了域名系统，即：使用如www.baidu.com的域名地址，来代替IP地址访问主机。

域名系统使用DNS服务器来转换域名和IP地址，所以就可以理解为什么在第7.3.2节为网卡设置IP地址时需要设置DNS服务了。如不设置DNS服务器，当输入域名访问某个服务器时，计算机将找不到对应的IP地址，所以将无法完成连接。

对于域名地址，例如，www.baidu.com，其中，baidu代表这个域名的主机，其com后缀说明baidu域名是一个com国际顶级域名，www则代表是baidu主机下的Web服务器。

域名可分为国际域名和国内域名，其中，国际域名也被称为国际顶级域名，如.com、.net等域名；国内域名也称为国内顶级域名，按照国家的不同，后缀也不同，如中国是.cn，而美国是.us。需要注意的是，无论是国际域名还是国内域名，在使用和功能上没有任何区别（国内域名在国外照样可以访问），只是管理的机构不同而已。

此外，域名有一级域名、二级域名、三级域名……之分，例如，.cn是国家一级域名，而.com.cn就是国家二级域名。

个人可以注册域名并用于建立网站，只是每年需交纳一定的维护费，且一般需要备案后才能正常使用。

7.5.5 因特网的接入方式

目前，我国Internet的接入方式主要是光纤入户和电话线ADSL入户，也可以通过有线电视宽带上网。此外，通过手机4G技术上网的用户也非常多。

电话线ADSL的速率大多为2Mb/s到4Mb/s；有线电视宽带的速率可达到8Mb/s；光纤的速率通常为10Mb/s，目前也开始提供20Mb/s、50Mb/s、100Mb/s或1 000Mb/s的高速宽带服务。

4G上网的用户为100Mbit/s左右，目前其下载速度能稳定在4M/s左右。

7.6 因特网上的信息服务

Internet是重要的信息共享工具，可以通过Internet获得各种信息资源，并可使用Internet发送电子邮件，或是进行即时通信等，本节将介绍相关操作。

7.6.1 WWW信息资源

WWW的中文名字为"万维网"，实际上就是用浏览器浏览网页的技术。长期以来，人们只是通过传统的媒体（如电视、报纸、杂志和广播等）获取信息，但随着WWW的发展，信息的获取也变得更加及时、迅速和便捷。

现在，Web 服务器成已为Internet上最大的计算机群，Web文档之多、链接的网络之广，令人难以想象。

WWW采用的是客户/服务器结构，其作用是通过WWW服务器整理和存储各种因特网资源，并响应客户端软件的请求，把客户所需的资源传送到计算机或手机等平台的浏览器上。

网页是WWW服务器的基本信息单位，它由文字、图片、视频、声音等多种媒体信息以及超链接组成。所以，我们在通过浏览器浏览网页时可以轻松获取文字、图片、视频和声音等多种媒体信息。

7.6.2 浏览器的使用

浏览器是访问Web资源的重要工具。目前常有的浏览器有很多种，如IE浏览器、谷歌浏览器、QQ浏览器、360浏览器等，其中Internet Explorer（简称"IE"）是Windows自带的浏览器。

下面介绍使用IE浏览器浏览网页、收藏网页、打印网页、设置默认主页和删除历史记录等的操作方法。

1. 浏览网页

在Windows 7桌面上双击IE浏览器的图标，可以启动IE浏览器。在浏览器的地址栏中输入要访问的域名地址（如www.sohu.com），按【Enter】键，即可打开网页进行浏览，如图7-48所示。

图7-48　使用IE浏览器浏览网页

2. 收藏网页

如果想将当前网页收藏到收藏夹栏中，以便在下次访问时无需输入域名而直接单击搜藏夹中的网站连接即可。可在打开网页后，单击IE浏览器界面上的"添加到收藏夹栏"按钮☆，如图7-49所示，即可将打开的网页添加到收藏夹栏。

图7-49　收藏网页

3. 打印网页

打开网页后，执行"文件"→"打印"命令，打开"打印"对话框，然后选择要打印输出的打印机，单击"打印"按钮，即可将网页打印出来，如图7-50所示。

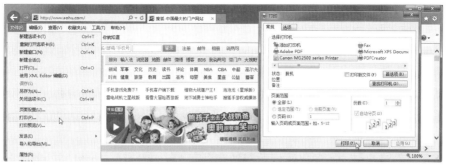

图7-50　打印网页

提示　　　打印之前，可执行"文件"→"打印预览"命令，预览打印页面。此时如果发现有打印不全或错版等情况，可通过调整页边距等方法对打印效果进行适当调整。无错误后，再执行打印输出操作。

　　　　此外，单击"打印预览"界面顶部的"页面设置"按钮，还可以对打印输出页面进行更多的设置，如添加页码等操作等。

4. 设置默认主页

默认主页即启动IE浏览器后默认打开的页面。如需设置默认主页，可在IE浏览器界面中执行"工具"→"Internet选项"命令，打开"Internet选项"对话框，如图7-51所示，在"常规"选项卡的"主页"操作区中设置即可。

其中，单击"使用当前页"按钮，可将当前打开的页面设置为主页；单击"使用新选项卡"按钮，则将使用空白页作为主页；单击"使用默认值"按钮，会将微软公司的主页作为默认页面。

5. 删除历史记录

IE浏览器具有默认记录所浏览网页的功能。如因保密等原因要删除这些痕迹（即浏览网页的历史记录），可在"Internet选项"对话框的"常规"选项卡中单击"删除"按钮，如图7-51所示。在打开的"删除浏览历史记录"对话框中单击"删除"按钮，即可将曾经浏览的历史记录删除，如图7-52所示。

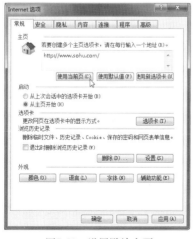

图7-51　设置默认主页

图7-52　删除历史记录

7.6.3 信息的查询

网上的站点很多，且非常繁杂，我们不可能记住所有网站的域名，这时候，就需要用到网络搜索引擎来查询信息。

搜索引擎是一种比较特殊的Web网站，此类网站收集了大量网站域名、链接地址以及关于这些网站域名和链接地址的简介，所以通过搜索引擎可以很容易地查找到需要访问的站点或是需要的信息。

目前，提供搜索引擎服务比较好的网站有百度（www.baidu.com）、360搜索（www.so.com）以及搜狗搜索（网址是www.sogou.com），其中使用较为广泛的是百度搜索。

搜索引擎的使用方法非常简单：打开IE浏览器，输入网址，打开搜索引擎主页面，输入要查找的内容，直接按【Enter】键即可，如图7-53所示。滚动鼠标查找需要的内容，或者转到下一页查找。如果没有找到合适的信息，可重新搜索。

图7-53　搜索信息

7.6.4 电子邮件（E-mail）

电子邮件（英文名称为E-mail）是通过计算机通信系统传递邮件的方式。相较于传统邮寄方式，电子邮件要方便很多，因而得到了广泛的应用。现在纸质信封邮件已经很少了，几乎完全被电子邮件取代。

电子邮件服务，其主操作界面很多也是Web界面样式（如126邮局），只是在发送和接收邮件时使用的协议不一样。邮件服务器主要用到POP3协议和SMTP协议，在下面使用Outlook软件管理邮件操作中，将会讲述其配置方法。

下面以126邮箱为例介绍电子邮件的免费申请和发送邮件，然后以Outlook软件为例介绍收发电子邮件的相关设置操作。

1. 申请免费126邮箱

在IE浏览器地址栏中输入126邮箱网址（mail.126.com，如图7-54所示），然后单击

"注册"按钮，在打开的操作界面中单击"注册字母邮箱"按钮，按照要求输入"邮件地址""密码""确认密码"和"验证码"，单击"立即注册"按钮，即可完成邮箱注册，如图7-55所示。

图7-54　126邮箱主界面

图7-55　完成电子邮件的注册

2. 使用申请的126邮箱发送邮件

单击IE浏览器顶部的标签栏，回到邮箱登录界面，然后输入刚才注册的邮箱地址和密码，单击"登录"按钮，即可登录126邮箱，如图7-56所示。进入邮箱后，单击"写信"按钮，输入收件人的邮件地址，编辑好邮件内容后，单击"发送"按钮，即可发送邮件，如图7-57所示。

图7-56　登录邮箱

图7-57　编辑并发送邮件

3. 开启126邮箱的POP3收信功能

开启邮箱的POP3和SMTP服务（一个用于接收，另一个用于发送），可以不打开网页，而直接通过邮件处理程序与电子邮件服务器建立连接，进而接收或发送电子邮件。

在126邮箱界面中，单击左侧的"首页"按钮，回到邮箱首页，然后单击"账户名"，在打开的下拉面板中单击"帐户管理"按钮，如图7-58所示；打开"设置"操作界面，如图7-59所示；选中"开启POP3服务"复选框，并单击此网页底部的"保存"按钮，即可开启126邮箱的POP3功能。

图7-58　设置"帐户管理"

图7-59　开启POP3服务

提示

在开启POP3服务的过程中，126邮箱可能会要求开启"客户端授权密码"，或要求绑定手机等，此时按照向导与手机绑定即可。

4. 配置Outlook软件

装好Outlook软件后（安装Office 2010时，记得选上此安装项，否则需要重新执行安装操作，添加此软件），打开Outlook，系统会显示配置账户向导操作界面，如图7-60所示，此时按照向导提示，输入电子邮件地址和密码，系统将自动完成配置。

图7-60　Outlook配置电子邮件账户向导操作界面

在系统配置邮箱的过程中，将显示如图7-61左图所示的提示信息，单击"允许"按钮即可，图7-61右图所示为系统自动完成服务器配置后的操作界面。需要注意的是，如果注册的邮箱未开通POP3功能，或邮箱、密码错误等，是无法完成自动配置的。

图7-61　Outlook自动完成邮箱配置界面

此外，在7-60左图所示的向导操作界面中，选择"否"单选按钮，然后单击相应按钮，退出向导，可自行在Outlook界面中添加邮箱账户，其具体操作如下。

01 打开Outlook，单击"文件"按钮，然后单击"信息"项下的"添加帐户"按钮，打开"添加新帐户"向导界面，如图7-62所示，单击"下一步"按钮。

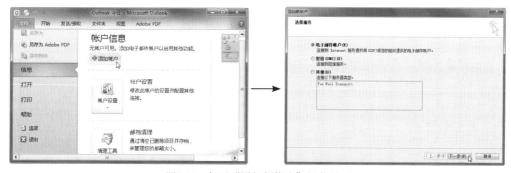

图7-62　打开"添加新帐户"操作界面

02 在打开的界面中，选中"手动配置服务器设置或其他服务器类型"单选按钮，然后连续单击两次"下一步"按钮，如图7-63所示。

图7-63 执行相关向导界面操作

03 在打开的界面中，如图7-64所示，按照提示，输入正确的电子邮件地址（姓名可随意拟定），并输入正确的用户名和密码，将"接收邮件服务器"设置为pop.126.com，将"发送邮件服务器"设置为smtp.126.com。

04 单击"其他设置"按钮，打开"Internet电子邮件设置"对话框，切换到"发送服务器"选项卡，如图7-65所示，选中"我的发送服务器（SMTP）要求验证"复选框，然后单击"确定"按钮，回到"添加新帐户"向导界面。

图7-64 "添加新帐户"设置主界面

图7-65 设置验证界面

05 在"添加新帐户"向导界面中单击"下一步"按钮，系统将对所添加的账户进行测试，测试成功将显示如图7-66左图所示的提示信息；单击"关闭"按钮，将对话框关闭后，再单击"完成"按钮，即可完成添加账户操作，如图7-66右图所示。

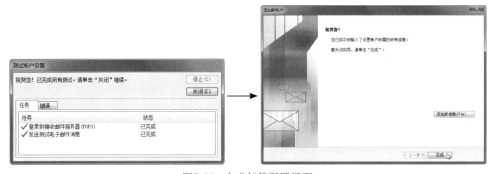

图7-66 完成邮箱配置界面

5. 使用Outlook软件收发邮件

完成账户的配置后，使用Outlook收发邮件非常简单。在"开始"选项卡中单击"新建项目"→"电子邮件"按钮，如图7-67所示，在打开的操作界面中输入收件人的电子邮件地址、邮件内容等，单击"发送"按钮，即可发送邮件。

接收邮件则需要单击"发送/接收"选项卡中的"发送/接收所有文件夹"按钮，如图7-68所示，即可接收邮件（或将草稿箱中的邮件一起发送出去）。

 提示　收到的邮件位于左侧相应账户名下的收件箱中。

图7-67　新建邮件

图7-68　接收邮件

7.6.5　即时通信服务

通过计算机网络，可以很容易地实现即时通信功能，如常用的网络聊天软件QQ、陌陌、微信等，都具有这方面的功能。

在使用QQ前，需要先下载并安装QQ软件，以及申请QQ账号。如图7-69所示，在完成QQ软件的安装后启动QQ，在其登录界面中单击"注册账号"链接，在打开的网页中按照要求填入相关信息来注册QQ账号。

注册完账户后，回到QQ登录界面，输入注册的账号，单击"登录"按钮，即可登录QQ了，如图7-70左图所示。此时，可单击QQ操作界面底部的"查找"按钮，打开"查找"对话框，如图7-70右图所示。如果知道好友的QQ号，可直接输入QQ号码，然后单击"查找"按钮，再单击"+好友"按钮，然后在向导提示下，完成添加好友的操作。待对方确认后，即可完成添加好友的全过程。

如图7-70右图所示，还可以按照地区等条件进行搜索，并将搜索到的账号添加为好友。

图7-69 注册QQ账号

图7-70 添加好友

完成好友的添加后，在QQ操作界面"联系人"面板的"我的好友"（或其他栏）栏中，可以找到添加的好友，双击打开，即可进行聊天操作了，如图7-71所示。

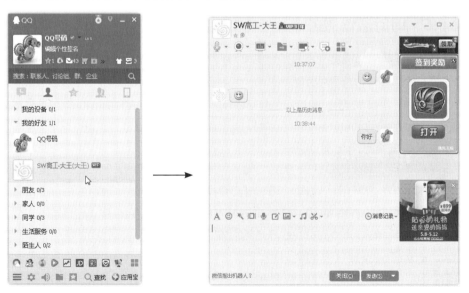

图7-71 聊天操作

> **提示**　QQ快速回复的快捷键为【Alt+S】，这个被经常使用。

7.7　网页设计技术简介

本节介绍基本的网页设计知识。网页设计是构建网站运营平台的基础，希望通过本节的学习，读者可对网站的轮廓架构及网站的设计工具有一个基本的了解。

7.7.1　网页基本概念

一个Web站点，通常是由很多个网页构成的。在访问网站时，通过每一个网址链接打开的页面，都是一个网页。

在服务器硬盘上，一个网页可以是一个文件，也可以包括几个文件。为了减少重复编写代码的麻烦、提高运行效率，很多时候会将一个网页划分成多个部分，然后每个部分保存为一个文件存放。例如，将网页顶部代码放在top.html文件中，将最底部的网页代码放在bottom.html文件中，将中间的页面代码放在body.html文件中，然后在main.html文件中调用这三个文件，从而显示整个页面。

构成网页的主体是HTML语言（"超文本标记语言"），它是WWW的描述语言。它会用一些文字标记告诉浏览器，在这个位置需要放哪些文字，另一个位置要放置一幅图片等。Web浏览器的作用就是可以读取Web服务器上的HTML文档，再根据此类文档中的描述组织并显示出相应的Web页面。

为了提高运行效率，令网站的结构更清晰或利于修改等，我们会将网页中关于文字样式（如黑体、5号等）的规定符号集中存放在一个或多个CSS文件中，然后在HTML文件中对其进行调用，来统一规范本网站页面的文字和图片格式等。

此外，为了与后台数据库进行交互，在网页中还会加入很多脚本语言，如ASP、PHP、JSP等。加入这些语言后，用户就可以通过网页，实现如发帖、删帖、上传下载等操作了。

上面这些脚本语言都是运行在服务器端的。当通过浏览器阅览网页时，这些脚本语言并不是原封不动地传输到我们的浏览器上，而是经过计算，然后以HTML的方式反映出数据库中的数据，其HTML代码在服务器端和客户端的浏览器上都一样的。

网页中还有运行在客户端的脚本——JavaScript，这种脚本主要用于增加HTML网页的动态功能，它会随着HTML代码一同传递到客户端的浏览器上，并可对用户的相应操作做出及时应答。

为了在网页中实现一些特殊的功能（如播放视频等），有时我们还会在HTML网页中嵌入"控件"，如Adobe Flash Player for IE（IE浏览器专用的flash播放器控件）。客户端要使用服务器提供的控件，需要首先进行注册，然后才能用其提供的功能。控件是指运行在客户端，可被Web浏览器直接调用的程序。

7.7.2 HTML基础

HTML不是编程语言，而是一种超文本标记语言。HTML使用一套标记标签来描述网页，HTML文档本身是文本格式的。Web浏览器读取来自服务器的HTML文档，它不会显示其中的标签，而只是将标签的意图解释出来。

例如，新建一个文本文件，输入"<a href="www.baidu.com">百度</a>"文字，关闭并保存文本文件后，将文本文件的扩展名更改为html，然后使用IE浏览器打开刚才创建的这个文件，可见到图7-72所示的网页效果，其中括在"<"和">"内的字符并不显示，而只是显示了一个指向百度的超链接。

图7-72　使用文本文件制作的一个网页

HTML语言用"<"和">"符号来标记指令，主要格式为："<起始标记>"＋内容＋"</结束标记>"。

HTML语言中，既有单标记指令，也有双标记指令，其中，单标记指令只有起始标记，没有结束标记；双标记指令则比较完整，既有起始标记，也有结束标记。

下面的标记是一些常用的标记。

<h1></h1> 一级标题标记　　（用于说明标记内的文字为一级标题大小）

<h2><h2> 二级标题标记　　（用于说明标记内的文字为二级标题大小）

<p></p>　　段落标记　　　　（用于说明标记内的文字为一个段落）

<a ></a>　超链接标记　　　（用于说明标记内的文字为一个超链接）

<img>　　图像标记　　　　（单标记指令，用于加载图像）

在此，可以编写如下一段代码来实现图7-73所示的页面效果。

<h1>第一章</h1>

<p>你可以通过单击下面图片访问相应网站，学习相关内容</p>

<a href="www.swbbsc.com"><img src="logo.png"/></a>

图7-73　网页代码和效果

提示 执行上面代码时，需提前将logo.png文本复制到与html文件相同的目录下。

HTML的标记指令非常多，除了这些简单的标记外，还可以在标记内加入样式标记等，从而为标记内的文本定义字体或大小。由于篇幅限制，对于HTML语言，本书只介绍到这里，有兴趣的读者可参照专业书籍，进行更深入的学习和研究。

7.7.3　网页制作工具简介

当网页代码较短时，可直接使用文本文件来编辑网页，容易掌控，但网页代码超过几百行、上千行、甚至上万行时，会显得杂乱无章，有时很难理出头绪。此时，需要借助专业的网页设计软件，以便更快地编写代码。

目前，常见的所见即所得的网页设计软件主要有Microsoft Expression Web Designer和Dreamweaver。其中，Adobe Dreamweaver简称"DW"，中文名称"梦想编织者"，是美国Adobe公司开发的集网页制作和管理网站于一身的、所见即所得的网页编辑器。

Dreamweaver在使用的便捷性上比Microsoft Expression Web Designer要强，它支持层叠式样表（CSS）、DHTML动态网页、Flash动画和插件等，兼容性好，垃圾代码较少。

用于编写网页的还有万维网联盟开发的Amaya，只是此软件对中文支持不够友好，所以至今并未得到广泛应用。

此外，用于网页制作的软件工具还有Flash、Fireworks、Photoshop等软件。其中，Flash软件主要用于制作矢量动画，如广告、网站片头动画或交互性小游戏等；Fireworks软件主要用于处理图像，制作动态图片（如GIF动画图片等）；Photoshop是专业的图像处理软件，用于制作网站图片。

本章小结

本章主要介绍了计算机网络的基础知识，包括网络的拓扑结构、传输介质、网络协议、数据通信基础、无线局域网的组建、Windows 7网络操作系统的使用等。通过本章的学习，读者应对计算机网络的主要技术和发展现状有了比较详尽的了解，并能使用所学到的知识轻松搭建局域网，进行资源共享和远程访问等操作。

习题

一、填空题

（1）数据通信链路是构成计算机网络的主通道（相当于人体的神经系统），目前，构成这个通道的主要介质是_____。

（2）按拓扑结构分，计算机网络可分为_____、_____、_____、蜂窝状、总线型和环形结构。

（3）蜂窝网络拓扑结构主要用于_____。

（4）如果需要组建千兆双绞线局域网，那么距离100米，最低标准可以选用_____双绞线。

（5）用于双绞线传输的网络设备，主要有集线器、_____、_____和网卡等设备，其中_____目前已不使用。

（6）按照光在光纤中的传播方式，可将光纤分为_____光纤和_____光纤。

（7）WWW采用的是_____结构，其作用是通过WWW服务器整理和储存各种因特网资源，并响应客户端软件的请求。

（8）HTML不是编程语言，而是一种超文本标记语言，HTML使用一套标记标签来_____。

（9）有三种数据交换技术：_____、_____和分组交换技术。

二、问答题

（1）简述计算机网络的主要功能，并举例说明。

（2）目前使用最多的网络拓扑结构是什么结构？简述其特点。

（3）如何访问局域网共享资源？试叙述其中一种操作方法。

（4）域名的作用是什么？为什么要使用域名？

（5）简述收藏网页的作用，简述使用IE浏览器时收藏网页的方法。

三、练习题

上网注册一个126邮箱（需打开POP3服务），并使用注册的账号配置Outlook软件，令Outlook可以通过此邮箱正常发送电子邮件，然后将配置界面截取下来，发到39337212@qq.com邮箱中。

第**8**章

计算机网络进阶

本章导读▲

OSI（Open System Interconnect），即开放式系统互连。一般都称为OSI参考模型，是ISO（国际标准化组织）组织在1985年研究的网络互连模型。该体系结构标准定义了网络互连的七层框架（物理层、数据链路层、网络层、传输层、会话层、表示层和应用层），即OSI开放系统互连参考模型。

在这一框架下进一步详细规定了每一层的功能，以实现开放系统环境中的互连性、互操作性和应用的可移植性。

本章将主要介绍网络体系结构，参考模型以及网络标准化的相关知识。

本章要点

- 计算机网络分类
- 计算机网络体系结构
- 参考模型
- 网络标准化

学习目标

我们把计算机网络的各层及其协议的集合称为网络的体系结构，计算机网络体系结构是指计算机网络层次结构模型，它是各层的协议以及层次之间的端口的集合。

在计算机网络中实现通信必须依靠网络通信协议，目前广泛采用的是国际标准化组织（ISO）1997年提出的开放系统互联OSI参考模型，本章节将主要学习网络分类，掌握计算机网络体系结构、参考模型以及网络标准化等知识。

Chapter

8

8.1　计算机网络的分类

可以从不同的角度对计算机网络进行分类：从网络的交换功能进行分类；从网络的作用范围进行分类；从用来控制网络的网络操作系统来进行类；按照协议对网络进行分类；从网络的使用者进行分类。

8.1.1　按网络的交换功能进行分类

网络的设计者常从交换的功能来将网络分类。常用的交换方法有：电路交换、分组交换和混合交换。前两种交换方式已简单介绍过了，混合交换是在一个数据网中同时采用电路交换和分组交换。

8.1.2　按网络的作用范围进行分类

有时需要从网络的作用范围进行如下的分类。

（1）广域网WAN（Wide Area Network）

广域网的作用范围通常为几十到几千千米，因而有时也称为远程网（Long Haul Network）。广域网是因特网的核心部分，其任务是通过长距离（例如，跨越不同的国家）运送主机所发送的数据。广域网包含很多用来运行用户应用程序的机器集合，我们通常把这些机器叫作主机（host），主机所在的网络通常称为资源子网，把这些主机连接在一起的是通信子网（Communication Subnet）。通信子网的任务是在主机之间传送报文。将计算机网络中的纯通信部分的子网与应用部分的主机分离开来，可以大大简化网络的设计。广域网的物理结构如图8-1所示。

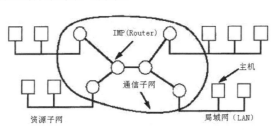

图8-1 广域网的物理结构

在大多数广域网中，通信子网一般都包括两部分：传输信道和转接设备。传输信道用于在机器间传送数据；转接设备是专用计算机，用来连接两条或多条传输线。当数据从一条输入信道到达后，转接设备必须选择一条输出信道，把数据继续向前发送。在ARPAnet网中，转接设备叫作接口信息处理机IMP，现在的IMP是路由器（Router）或三层交换机（3Layer-Switch）。在图8-1所示的模式中，每一台主机都至少连着一台IMP。所有出入该主机的报文，都必须经过与该主机相连的IMP。

绝大多数广域网中，通信子网包含大量租用线路或专用线路，每一条线路连着一对IMP（Router）。当报文从源节点经过中间IMP发往远方目的节点时，每个IMP将输入的报文完整接收下来并贮存起来，然后选择一条空闲的输出线路，继续向前传送，因此这种子网又称为点到点（Point-to-Point）子网、存储转发（Store-and-Forward）子网。除了那些使用卫星的广域网外，几乎所有的广域网都采用存储转发方式。

广域网最初只是为使物理上广泛分布的计算机能够进行简单的数据传输，主要用于交互终端与主机的连接、计算机之间文件或批处理作业传输以及电子邮件传输等。

在广域网中，一个重要的设计问题是IMP互连的拓扑结构应是什么形式。图8-2展示了几种可能的网络拓扑结构。

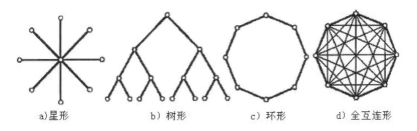

图8-2 广域网拓扑结构

广域网的第二种可能的组网方式是卫星或地面无线电网。每个中间转接站点都通过天线接收和发送数据。所有的中间站点都能接收到来自卫星的信息，并能同时听到其相邻站点发往卫星的信息。

（2）城域网MAN（Metropolitan Area Network）

城域网的作用范围在广域网和局域网之间，例如作用范围是一个城市，可跨越几个街区甚至整个城市。城域网可以为一个或几个单位所拥有，但也可以是一种公用设施，用来将多个局域网进行互连。城域网的传送速率比局域网的更高，但作用距离约为5~50km。从网络的层次上看，城域网是广域网和局域网（或校园网）之间的桥接区。城域网因为要和很多种的局域网（或校园网）连接，因此必须适应多种业务、多种网络协议以及多种数据传输速率，并要保证能够很方便地将各种局域网（或校园网）连接到广域网。城域网内部的节点之间或城域网之间也需要有高速链路相连接，并且城域网的范围也逐渐在扩大，因此现在城域网在某些地方有点像范围较小的广域网。城域网在最近一段时期发展较快。从技术上看，目前很多城域网采用的是以太网技术。由于城域网与局域网使用相同的体系结构，有时也常并入局域网的范围进行讨论。

（3）局域网LAN（Local Area Network）

局域网一般用微型计算机或工作站通过高速通信线路相连（速率通常在10Mb/s以上），但地理上则局限在较小的范围（如1km左右）。在局域网发展的初期，一个学校或工厂往往只拥有一个局域网，但现在局域网已被广泛使用，一个学校或企业大都拥有许多个局域网，因此，又出现了校园网或企业网的名词。

（4）接入网AN（Access Network）

接入网又称为本地接入网或居民接入网，它也是近年来由于用户对高速上网需求的增加而出现的一种网络技术。事实上，接入网是局域网（或校园网）和城域网之间的桥接区。接入网提供多种高速接入技术，使用户接入到因特网的瓶颈得到某种程度上的解决。

（5）互联网

目前世界上有许多网络，而且不同网络的物理结构、协议和所采用的标准是各不相同的。如果连接到不同网络的用户需要进行相互通信，就需要将这些不兼容的网络通过称为网关（Gateway）的网络设备连接起来，并由网关完成相应的转换功能。多个网络相互连接构成的集合称为互联网（Internetworking）。互联网的最常见形式是多个局域网通过广域网连接起来。实际上，在图8-1中，我们只要将"通信子网"改为"广域网"，就可得到互联网的结构图。如何判断一个网络是广域网还是通信子网取决于网络中是否含有主机。如果一个网络只含有中间转接站点，即IMP，则该网络仅仅是一个通信子网；反之，如果网络中既包含IMP，又包含用户可以运行作业的主机，则该网络是一个广域网。

通信子网、网络和互联网这三个概念经常混淆。通信子网作为广域网的一个重要组成部分，通常是由IMP和通信线路所组成。举个例子来说，电话系统包括用高速线路连接的局间交换机和连到用户端的低速线路，这些线路和设备就构成电话系统的通信子网，它的所有权属于电话公司并由它们经营管理，而用户的电话机则不是子网的一部分。通信子网和主机相结合构成计算机网络（对于局域网来说，它是由电缆和主机构成的，没有通信子网）。互联网一般是不同网络的相互连接，如局域网和广域网的连接、两个局域网的相互连接或多个局域网通过广域网连接起来。

8.1.3　按用来控制网络的网络操作系统来分类

网络有时也按照安装在服务器上、用来控制网络的操作系统来分类。根据服务器的操作系统可以将网络分成如下几类。

（1）Windows网络（Windows NT、Windows Server 2012）

Windows基于服务器的网络叫作域。在Windows NT 4.0域中，称作主域控制器的主机只保留安全账户管理员（SAM）数据库的读/写副本。从Windows 2000版本发布以来，Microsoft将NT 4.0称作下级域。

Windows Server 2012域建立在Active Directory基础上，后者的副本保留在每个域控制器上，它包含了安全账户信息和代表网络资源的对象。网络可以具有多个域控制器，所有的域控制器都可以对目录数据库进行读写。

Windows7、Windows8.1以及Windows10都可以作为Windows NT和Windows Server 2012服务器的客户。非Microsoft操作系统，例如Macintosh和Linux，在安装了适当的附加软件时也可以访问Windows服务器上的资源。

（2）NetWare网络

Novell公司的NetWare系统曾经大量用于构建局域网。Novell公司从1983年推出NetWare第1个版本以后，逐渐演变成完备的网络操作系统，其流行版本有NetWareV3.12、V4.1、V5.0、V5.1和2001年推出的V6.0版本。NetWare系统的网络管理功能很强，可以同时支持单处理器和多处理器操作，支持用户从任何地点登录到服务器的无环境登录。从技术角度来说，NetWare的成功应归功于其体系结构设计的特点。

NetWare系统支持所有的主流台式计算机操作系统，并保留了台式工作站具有的交互操作方式。每个工作站可以向使用本地资源那样交互使用网络资源。

Netware系统由于操作简单、快速、安全，非常适用于证券交易。在上个世纪90年代，Novell系统成为证券交易的标准配置，Novell Netware系统被广泛用于证券服务器上。

昔日的NetWare光彩耀人，随着网络系统的日益发展与更新换代，其主导地位也逐渐让位于现今的Windows、UNIX和Linux等网络系统。

（3）UNIX网络

UNIX是因特网的前身ARPAnet上多数主机使用过的操作系统。UNIX由贝尔实验室在1969年开发成功，由于它的开放式代码分发而流行许多版本。这是功能强大的操作系统，但是多数UNIX实现是基于文本的，因而学习起来相对较难。

Linux是UNIX的一个变体，是最近流行的服务器和桌面操作系统。和UNIX一样，Linux也是一种开放标准，很多公司开发了自己的版本。流行的版本包括Red-Hat、Linux Mint和Ubuntu。

（4）混合网络

很多网络结合了两种或两种以上网络服务器类型，这种网络也叫作混合网络。现在，大型网络的多数都可以看作是混合网络。它们运行不同生产商开发的软件，使用多种协议，甚至可以将域和工作组概念结合在一起。

Microsoft网络（其中，客户登录到Windows NT域控制器上）可能还拥有NetWare文件服务器（相同的客户也能访问）和UNIX计算机（用来提供Web寄存服务）。PC甚至可以连接到IBM AS/400大型机上，访问某些应用程序和记录。多数生产商提供了软件互操作性工具，包括操作系统或者可用的附件，有助于此类多生产商环境的集成。举例来说，Microsoft的Windows NT和早期的Windows 2000 Server产品中包括Gateway Service for NetWare和Services for Macintosh。

一些流行的互操作性程序包括下列几种。

- Client Services for NetWare（CSNW）及Gateway Services for NetWare（GSNW）：CSNW允许单个Microsoft客户计算机直接访问NetWare服务器。GSNW允许Microsoft服务器的客户端通过安装在Windows NT或Windows 2000服务器上的网关软件访问NetWare服务器的资源。
- File and Print Services for NetWare：这个程序允许NetWare服务器的客户端访问Windows服务器上的资源。
- Services for Macintosh：该程序允许Macintosh计算机访问Microsoft网络上的文件和打印机。
- Systems Network Architecture（SNA）：SNA允许PC网络连接到IBM大型机上。
- SAMBA：SAMBA是一系列工具，允许Microsoft计算机访问UNIX服务器上的文件和打印服务。

8.1.4　按照协议对网络分类

有时候，网络也根据它们用来通信的协议进行分类。网络协议就是连接在一起的计算机在该网络上建立和维护通信时遵循的命令规则。有3种流行的可运行在LAN上的协议：NetBEUI、IPX/SPX和TCP/IP，其他LAN协议还包括AppleTalk和OSI协议套件。

（1）NetBEUI网络

使用Microsoft操作系统的小型简单的LAN可以用NetBEUI协议通信。NetBEUI（代表NetBIOS扩展式用户接口）建立在IBM为工作组开发的NetBIOS（Network Basic Input Out System，网络基本输入/输出系统）协议基础上。

NetBEUI的优点包括它的简单性和低资源开销。它的速度很快，并且不要求复杂的配置信息就可以安装。

（2）IPX/SPX网络

Novell使用因特网分组交换/顺序分组交换（Internet Package Exchange/Sequenced Packet Exchange，IPX/SPX）协议栈作为它的LAN协议，这在NetWare网络版本5.0之前是必需的。NetWare版本5.0是支持在"纯IP"（TCP/IP协议栈的因特网协议）上运行的第一个NetWare版本，它不要求IPX/SPX。

IPX/SPX通常与NetWare网络相结合，但是并不限制在这个范围内。Microsoft计算机的工作组或域也可以使用IPX/SPX协议。Microsoft中包括了它自身IPX/SPX兼容协议的实现，在Windows 9x、Windows NT和Windows 2000操作系统中称作NWLink。Microsoft客户端必须安装NWLink或IPX/SPX才能连接到运行NetWare 4.x或更低版本的NetWare服务器上。

IPX/SPX要求最低配置（多于NetBEUI，但是少于TCP/IP），它的速度比TCP/IP更快。有时IPX/SPX为了安全起见，运行在连接到因特网上的内部Microsoft网络上。

（3）TCP/IP网络

尽管事实上TCP/IP是速度最慢、最难配置的可运行在LAN上的协议，但是它的使用最为广泛。它有这样一些优点。

● TCP/IP使用灵活的寻址方案，极易路由，甚至可以在最大的网络上路由。

● 几乎所有的操作系统和平台都可以使用TCP/IP。

● 有大量实用程序和工具可供使用，其中一些包括协议套件，一些包括监视和管理TCP/IP的附加程序。

● TCP/IP是全球的因特网协议。系统必须运行TCP/IP才能连接到因特网上。多数企业级网络运行在TCP/IP上。

8.1.5　按网络的使用者进行分类

按网络的使用者进行分类，可以划分为公用网和专用网。

（1）公用网（Public Network）

公用网是指国家的电信公司（国有或私有）出资建造的大型网络。"公用"的意思就是所有愿意按电信公司的规定交纳费用的人都可以使用，因此公用网也可称为公众网。

（2）专用网（Private Network）

专用网是某个部门为本单位的特殊业务工作的需要而建造的网络。这种网络不向本单位以外的人提供服务，例如，军队、铁路、电力等系统均有本系统的专用网。

公用网和专用网都可以传送多种业务，如传送的是计算机数据，则可以用公用计算机网络，也可以是专用计算机网络。

8.2　计算机网络体系结构

要想让两台计算机进行通信，必须使它们采用相同的信息交换规则。把在计算机网络中用于规定信息的格式以及如何发送和接收信息的一套规则称为网络协议（Network Protocol）或通信协议（Communication Protocol）。

为了减少网络协议设计的复杂性，网络设计者不是设计一个单一、巨大的协议来为所有形式的通信规定完整的细节，而是把通信问题划分为许多个小问题，然后为每个小问题设计一个单独的协议的方法，这样做使得每个协议的设计、分析、编码和测试都比较容易。分层模型（Layering Model）是一种用于开发网络协议的设计方法，本质上，分层模型描述了把通信问题分为几个小问题（称为层次）的方法，每个小问题对应一层。

8.2.1 协议分层

为了减少网络设计的复杂性，绝大多数网络采用分层设计方法。所谓分层设计方法，就是按照信息的流动过程将网络的整体功能分解为一个个的功能层，不同机器上的同等功能层之间采用相同的协议，同一机器上的相邻功能层之间通过接口进行信息传递。

为了便于理解接口和协议的概念，首先以邮政通信系统为例进行说明。人们平常写信时都有个约定，这就是信件的格式和内容。首先，写信时必须采用双方都懂的语言文字和文体，开头是对方的称谓，最后是落款等。这样，对方收到信后，才可以看懂信中的内容，知道是谁写的，什么时候写的等。当然还可以有其他的一些特殊约定，如书信的编号、间谍的加密书写等。信写好之后，必须将信封装并交由邮局寄发，这样寄信人和邮政局之间也要有约定，这就是规定信封写法并贴邮票。在中国寄信必须先写收信人地址、姓名，然后才写寄信人的地址和姓名。邮局收到信后，首先对信件进行分拣和分类，然后交付有关运输部门进行运输，如航空信交民航，平信交铁路或公路运输部门等。这时，邮局和运输部门也有约定，如到站地点、时间、包裹形式等。信件运送到目的地后进行相反的过程，最终将信件送到收信人手中，收信人依照约定的格式才能读懂信件。如图8-3所示，在整个过程中，主要涉及到三个子系统：用户子系统、邮政子系统和运输子系统。

从上例可以看出，各种约定都是为了达到将信件从一个源点送到某一个目的地这个目标而设计的，就是说，它们是因信息的流动而产生的。可以将这些约定分为同等机构间的约定，如用户之间的约定、邮政局之间的约定和运输部门之间的约定，以及不同机构间的约定，如用户与邮政局之间的约定、邮政局与运输部门之间的约定。虽然两个用户、两个邮政局、两个运输部门分处甲、乙两地，但它们都分别对应同等机构，同属一个子系统。同处一地的不同机构则不在一个子系统内，而且它们之间的关系是服务与被服务的关系。很显然，这两种约定是不同的，前者为部门内部的约定，后者是不同部门之间的约定。

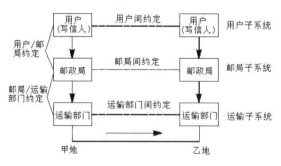

图8-3　邮政系统分层模型

在计算机网络环境中，两台计算机中两个进程之间进行通信的过程与邮政通信的过程十分相似。用户进程对应于用户，计算机中进行通信的进程（也可以是专门的通信处理机）对应于邮政局，通信设施对应于运输部门。

为了减少计算机网络设计的复杂性，人们往往按功能将计算机网络划分为多个不同的功能层。网络中同等层之间的通信规则就是该层使用的协议，如有关第N层的通信规则的集合，就是第N层的协议。同一计算机的不同功能层之间的通信规则称为接口（interface），在第N层和第（$N+1$）层之间的接口称为$N/$（$N+1$）层接口。总的来说，协议是不同机器同等层之间的通信约定，而接口是同一机器相邻层之间的通信约定。不同的网络，分层数量、各层的名称和功能以及协议都各不相同。然而，在所有的网络中，每一层的目的都是向它的上一层提供一定的服务。

协议层次化不同于程序设计中模块化的概念。在程序设计中，各模块可以相互独立，任意拼装或者并行，而层次则一定有上下之分，它是依数据流的流动而产生的。组成不同计算机同等层的实体称为对等进程（Peer Process），对等进程不一定非是相同的程序，但其功能必须完全一致，且采用相同的协议。

分层设计方法将整个网络通信功能划分为垂直的层次集合后，在通信过程中下层将向上层隐蔽下层的实现细节。层次的划分应首先确定层次的集合及每层应完成的任务。划分时应按逻辑组合功能，并具有足够的层次，以使每层小到易于处理。同时层次也不能太多，以免产生难以负担的处理开销。

计算机网络体系结构是网络中分层模型以及各层功能的精确定义。对网络体系结构的描述必须包括足够的信息，使实现者可以为每一功能层进行硬件设计或编写程序，并使之符合相关协议。要注意的是，网络协议实现的细节不属于网络体系结构的内容，因为它们隐含在机器内部，对外部说来是不可见的。

现在来考查一个具体的例子：在图8-4所示的5层网络中，如何向其最上层提供通信。在第5层运行的某应用进程产生了消息M，并把它交给第4层进行发送。第4层在消息M前加上一个信息头（Header），信息头主要包括控制信息（如序号），以便目标机器上的第4层在低层不能保持消息顺序时，把乱序的消息按原序装配好。在有些层中，信息头还包括长度、时间和其他控制字段。

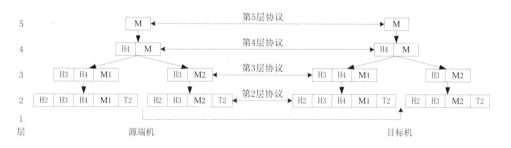

图8-4　支持第5层虚拟通信的例子

在很多网络中，第4层对接收的消息长度没有限制，但在第3层通常存在一个限度。因此，第3层必须将接收的入境消息分成较小的单元，如报文分组（Packet），并在每个报文分组前加上一个报头。在本实例中，消息M被分成两部分：M1和M2。第3层确定使用哪一条输出线路，并将报文传给第2层。第2层不仅给每段消息加上头部信息，而且还要加上尾部信息，构成新的数据单元，通常称为帧（Frame），然后将其传给第1层进行物理传输。在接收方，报文每向上递交一层，该层的报头就被剥掉，决不可能出现带有N

层以下报头的报文交给接收方第N层实体的情况。

要理解图8-4的示意图，关键要理解虚拟通信与物理通信之间的关系，以及协议与接口之间的区别。比如，第4层的对等进程，在概念上认为它们的通信是水平方向地应用第4层协议。每一方都好像有一个叫作"发送到另一方去"的过程和一个叫作"从另一方接收"的过程，尽管实际上这些过程是跨过3/4层接口与下层通信而不是直接同另一方通信。

抽象出对等进程这一概念，对网络设计是至关重要的。有了这种抽象技术，网络设计者就可以把设计完整的网络这种难以处理的大问题划分成设计几个较小的且易于处理的问题，即分别设计各层。

 ## 8.2.2 面向连接与无连接的服务

服务（Service）这个极普通的术语在计算机网络中无疑是一个极重要的概念。在网络体系结构中，服务就是网络中各层向其相邻上层提供的一组操作，是相邻两层之间的界面。

由于网络分层结构中的单向依赖关系，使得网络中相邻层之间的界面也是单向性的：下层是服务提供者，上层是服务用户。服务的表现形式是原语（Primitive），比如库函数或系统调用。为了更好地讨论网络服务，先解释几个术语。

在网络中，每一层中至少有一个实体（Entity）。实体既可以是软件实体（比如一个进程），也可以是硬件实体（比如一块网卡），在不同机器上同一层内的实体叫作对等实体。

N层实体实现的服务为N+1层所利用，而N层则要利用N−1层所提供的服务。N层实体可能向N+1层提供几类服务，如快速而昂贵的通信或慢速而便宜的通信。

N+1层实体是通过N层的服务访问点（Service Access Point，SAP）来使用N层所提供的服务。N层SAP就是N+1层可以访问N层服务的地方，每一个SAP都有一个唯一的地址。为了使读者更清楚，可以把电话系统中的SAP看成标准电话插孔，而SAP地址是这些插孔的电话号码。要想和他人通话，必须知道他的SAP地址（电话号码）。在伯克利版本的UNIX系统中，SAP是Socket，SAP地址是Socket号。

邻层间通过接口交换信息。N+1层实体通过SAP把一个接口数据单元（Interface Data UNIX，IDU）传递给N层实体，如图8-5所示。IDU由服务数据单元（Service Data Unit，SDU）和一些控制信息组成。

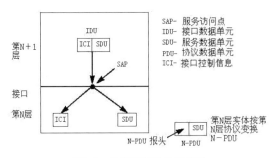

图8-5 相邻层在接口的关系

为了传送SDU，N层实体可以将SDU分成几段，每一段加上一个报头后作为独立的协议数据单元（Protocol Data Unit，PDU）送出，如"分组"就是PDU。PDU报头被同层实体用来执行它们的同层协议，用于辨别哪些PDU包含数据，哪些包含控制信息，并提供序号和计数值等。

在网络中，下层向上层提供的服务分为两大类：面向连接服务（Connection-oriented Service）和无连接服务（Connectionless Service）。

面向连接服务是电话系统服务模式的抽象，每一次完整的数据传输都必须经过建立连接、数据传输和终止连接三个过程。在数据传输过程中，各数据包地址不需要携带目的地址，而是使用连接号。连接本质上类似于一个管道，发送者在管道的一端放入数据，接收者在另一端取出数据，其特点是接收到的数据与发送方发出的数据在内容和顺序上是一致的。

无连接服务是邮政系统服务模式的抽象。其中每个报文带有完整的目的地址，每个报文在系统中独立传送。无连接服务不能保证报文到达的先后顺序，原因是不同的报文可能经不同的路径去往目的地，所以先发送的报文不一定先到。无连接服务一般也不对出错报文进行恢复和重传，换句话说，无连接服务不保证报文传输的可靠性。

在计算机网络中，可靠性一般通过确认和重传机制实现。大多数面向连接服务都支持确认重传机制，但确认和重传将带来额外的延迟。有些对可靠性要求不高的面向连接服务（如数字电话网）不支持重传，因为电话用户宁可听到带有杂音的通话，也不喜欢等待确认所造成的延迟。大多数无连接服务不支持确认重传机制，所以无连接传输服务往往可靠性不高。

8.2.3 服务原语

"服务"在形式上是用一组原语来描述的，这些原语供用户实体访问该服务或向用户实体报告某事件的发生。服务原语可以划分为如表8-1所示的4类。

表8-1　4类服务原语

原语	意义
请求（Request）	用户实体要求服务做某项工作
指示（Indication）	用户实体被告知某事件发生
响应（Response）	用户实体表示对某事件的响应
确认（Confirm）	用户实体收到关于它的请求的答复

第1类原语是"请求"原语，服务用户用它促成某项工作，如请求建立连接和发送数据。服务提供者执行这一请求后，将用"指示"原语通知接收方的用户实体。例如，发出"连接请求"（CONNECT_request）原语之后，该原语地址段内所指向的接收方的对等实体会得到一个"连接指示"（CONNECT_indication）原语，通知它有人想要与它建立连接。接收到"连接指示"原语的实体使用"连接响应"（CONNECT_response）原语表示它是否愿意接受建立连接的建议。无论接收方是否接受该请求，请求建立连接的一方都可以通过接收"连接确认"（CONNECT_confirm）原语而获知接收方的态度（事

实上传输层以及其他层的服务用户要拒绝建立连接请求，不是采用CONNECT_response原语，而是采用DISCONNECT_request原语）。

原语可以带参数，而且大多数原语都带有参数。"连接请求"原语的参数可能指明它要与哪台机器连接、需要的服务类别和拟在该连接上使用的最大报文长度。"连接指示"原语的参数可能包含呼叫者的标志、需要的服务类别和建议的最大报文长度。如果被呼叫的实体不同意呼叫实体建立的最大报文长度，它可能在"连接响应"原语中提出一个新的建议，呼叫方会从"连接确认"原语中获知。这一协商过程的细节属于协议的内容，例如，在两个关于最大报文长度的建议不一致的情况下，协议可能规定选择较小的值。

服务有"有确认"和"无确认"之分。"有确认"服务，包括"请求""指示""响应""确认"4个原语；"无确认"服务只有"请求"和"指示"两个原语。建立连接的服务总是有"有确认"服务，可用"连接响应"作肯定应答，表示同意建立连接，或者用"断连请求"（DISCONNECT_request）表示拒绝，作否定应答。数据传送既可以是有确认的也可以是无确认的，这取决于发送方是否需要确认。

为了使服务原语的概念更具体化一些，我们将考查一个简单的面向连接服务的例子，它使用了下述8个服务原语。

（1）连接请求：服务用户请求建立一个连接。
（2）连接指示：服务提供者向被呼叫方示意有人请求建立连接。
（3）连接响应：被呼叫方用来表示接受建立连接的请求。
（4）连接确认：服务提供者通知呼叫方建立连接的请求已被接受。
（5）数据请求：请求服务提供者把数据传至对方。
（6）数据指示：表示数据的到达。
（7）断连请求：请求释放连接。
（8）断连指示：将释放连接请求通知对等端。

在本例中，连接是有确认服务（需要一个明确的答复），而断连是无确认的（不需要应答）。与电话系统作一比较，也许有助于理解这些原语是如何应用的。请考虑一下打电话邀请你的朋友到家来做客的步骤：

（1）连接请求：拨朋友家的电话号码。
（2）连接指示：她家的电话铃响了。
（3）连接响应：她拿起电话。
（4）连接确认：你听到响铃停止。
（5）数据请求：你邀请她来做客。
（6）数据指示：她听到了你的邀请。
（7）数据请求：她说她很高兴来。
（8）数据指示：你听到她接受邀请。
（9）断连请求：你挂断电话。
（10）断连指示：她听到了，也挂断电话。

图8-6用一系列服务原语来表示上述各步。每一步都涉及其中一台计算机内两层之间

的信息交换。每一个"请求"或"响应"稍后都在对方会产生一个"指示"或"确认"动作。本例中服务用户（你和朋友）在N+1层，服务提供者（电话系统）在N层。

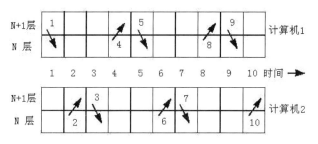

图8-6 计算机1与计算机2进行通信

服务和协议常常被混淆，而实际上两者是迥然不同的两个概念，为此需要再强调一下两者的区别，服务是网络体系结构中各层向它的上层提供的一组原语（操作）。尽管服务定义了该层能够代表它的用户完成的操作，但丝毫也未涉及这些操作是如何实现的。服务描述两层之间的接口，下层是服务提供者，上层是服务用户。协议是定义同层对等实体间交换帧、数据包的格式和意义的一组规则。网络各层实体利用对等同层协议来实现它们各自向上层提供的服务。只要不改变提供给用户的服务和接口，实体可以随意地改变它们所使用的协议，这样，服务和协议就完全被分离开来。

在OSI参考模型之前的很多网络并没有把服务从协议中分离出来，造成网络设计的困难，现在人们已经普遍承认这样的设计是一种重大失策。

8.2.4 服务与协议的关系

协议是控制两个对等实体进行通信的规则的集合。协议的语法方面的规则定义了所交换的信息的格式，而协议的语义方面的规则定义了发送者或接收者所要完成的操作。例如，在何种条件下数据必须重发或丢弃。

在协议的控制下，两个对等实体间的通信使得本层能够向上一层提供服务。要实现本层协议，还需要使用下面一层所提供的服务。一定要弄清楚，协议和服务在概念上是很不一样的。

首先，协议的实现保证了能够向上一层提供服务。本层的服务用户只能看见服务而无法看见下面的协议，下面的协议对上面的服务用户是透明的。其次，协议是"水平的"，即协议是控制对等实体之间通信的规则，但服务是"垂直的"，即服务是由下层向上层通过层间接口提供的。另外，并非在一个层内完成的全部功能都称为服务，只有那些能够被高一层看得见的功能才能称之为"服务"。上层使用下层所提供的服务必须与下层交换一些命令，这些命令在OSI中称为服务原语。

这里要注意的是，某一层向上一层所提供的服务实际上已包括了在它以下各层所提供的服务，所有这些对上一层来说就相当于一个服务提供者。在服务提供者的上一层的实体，也就是"服务用户"，它使用服务提供者所提供的服务。两个对等实体（服务用户）通过协议进行通信，为的是可以向上提供服务。

计算机网络的协议还有一个很重要的特点，就是协议必须将所有不利的条件事先都估计到，而不能假定将在很顺利的条件下进行通信。例如，两个朋友在电话中约定，下午3时在某公园门口碰头，并且约定"不见不散"。这就是一个很坏的协议，因为任何一方临时有急事来不了而又无法通知对方时（如对方的电话或手机都无法接通），按照协议的另一方则必须永远等待下去。因此，看一个计算机网络协议是否正确，不能光看在正常情况下协议是否正确，还必须非常仔细地检查这个协议能否应付绝大部分不利情况。

下面是一个有关网络协议的非常著名的例子。占据东边和西边两个山顶的蓝军与驻扎在这两个山之间的山谷的白军作战，其力量对比是：一个山顶上的蓝军打不过白军，但两个山顶的蓝军协同作战则可战胜白军。东边蓝军拟于次日正午向白军发起攻击，于是用计算机发送电文给西边的友军，但通信线路很不好，电文出错或丢失的可能性较大（没有电话可使用）。因此要求收到电文的友军必须送回一个确认电文，但此确认电文也可能出错或丢失。试问能否设计出一种协议使得两个山顶的蓝军能够实现协同作战，从而一定（即100%而不是99.999…%）取得胜利。

东边蓝军先发送："拟于明日正午向白军发起攻击。请协同作战，并确认。"西边蓝军收到电文后加以确认，回答："同意。"然而，现在两边的蓝军都不敢贸然下决心进攻。因为，西边蓝军不知道此确认电文对方是否正确地收到了。如未正确收到，东边蓝军必定不敢贸然进攻。在此情况下，如果自己发起进攻就肯定要失败。因此，必须等待东边蓝军发送"对确认的确认"。假定西边蓝军收到了东边蓝军发来的确认，但东边蓝军同样关心自己发出的确认是否已被对方正确地收到，因此还要等待西边蓝军的"对确认的确认的确认"。这样无限循环下去，两边的蓝军都始终无法确定自己最后发出的电文对方是否已经收到。因此，没有一种协议能够使两边的蓝军能够100%地确定双方将于次日正午发起的协同进攻。

从这个例子可以看出，不可能设计出100%可靠的协议。

8.3 参考模型

前面已经简单地讨论了协议分层和网络体系结构，本节将分析和讨论一些具体的网络体系结构。下面将主要讨论两个重要的网络体系结构，即OSI参考模型和TCP/IP模型。

8.3.1 OSI参考模型

现代信息社会的发展使得不同网络体系结构的用户迫切要求能够互相交换信息。为了使不同体系结构的计算机网络都能互连，国际标准化组织ISO于1977年成立了专门机构研究这个问题。不久，他们就提出一个试图使各种计算机在世界范围内互连成网的标准框架，即著名的开放系统互连基本参考模型OSI/RM（Open Systems Interconnection/Reference Model），简称为OSI。"开放"是指只要遵循OSI标准，一个系统就可以和位于世界上任何地方的，也遵循这同一标准的其他任何系统进行通信。这一点很像世界范围的电话和邮政系统，这两个系统都是开放系统。"系统"是指在现实的系统中与互连有关的各部分，所以，开放系统互连参考模型OSI/RM是个抽象的概念。在1983年形成了开放系统互连基本参考模型的正式文件，即著名的ISO 7498国际标准，也就是所谓的七层协议的体系结构。OSI模型分层原则如下。

①根据不同层次的抽象分层。

②每层应当实现一个定义明确的功能。

③每层功能的选择应该有助于制定网络协议的国际标准。

④各层边界的选择应尽量减少跨过接口的通信量。

⑤层数应足够多，以避免不同的功能混杂在同一层中，但也不能太多，否则体系结构会过于庞大。

下面将从最底层开始，依次讨论OSI参考模型的各层。应注意OSI模型本身不是网络体系结构的全部内容，这是因为它并未确切地描述用于各层的协议和服务，它仅仅告诉我们每一层应该做什么。不过，ISO已经为各层制定了标准，但它们并不是参考模型的一部分，它们是作为独立的国际标准公布的。

（1）物理层

物理层（Physical Layer）的主要功能是完成相邻节点之间原始比特流的传输。设计上必须保证一方发出二进制"1"时，另一方收到的也是"1"而不是"0"。这里的典型问题是用多少伏特电压表示"1"，多少伏特电压表示"0"；一个比特持续多少微秒；传输是否在两个方向上同时进行；最初的连接如何建立和完成，通信后连接如何终止；网络接插件有多少针以及各针的用途。这里的设计主要是处理机械的、电气的和过程的接口，以及物理层下的物理传输介质等问题。

（2）数据链路层

数据链路层（Data Link Layer）的主要任务是加强物理层传输原始比特的功能，使之对网络层显现为一条无错线路。发送方把输入数据分装在数据帧（Data Frame）里（典型的帧为几百字节或几千字节），按顺序传送各帧，并处理接收方回送的确认帧（Acknowledgement Frame）。因为物理层仅仅接收和传送比特流，并不关心它的意义和结构，所以只能依赖各链路层来产生和识别帧边界。可以通过在帧的前面和后面附加上特殊的二进制编码模式来达到这一目的。如果这些二进制编码偶然在数据中出现，则必须采取特殊措施以避免混淆。

传输线路上突发的噪声干扰可能把帧完全破坏掉，在这种情况下，发送方机器上的数据链路软件必须重传该帧。然而，相同帧的多次重传也可能使接收方收到重复帧，比如接收方给发送方的确认丢失以后，就可能收到重复帧。数据链路层要解决由于帧的破坏、丢失和重复所出现的问题。数据链路层可能向网络层提供几类不同的服务，每一类都有不同的服务质量和价格。数据链路层要解决的另一个问题（在大多数层上也存在）是防止高速的发送方的数据把低速的接收方"淹没"，因此需要有某种流量调节机制，使发送方知道当前接收方还有多少缓存空间，通常流量调节和出错处理同时完成。如果线路能用于双向传输数据，数据链路软件还必须解决新的麻烦，即从A到B数据帧的确认帧将同从B到A的数据帧竞争线路的使用权。借道（Pigc/Backing）就是一种巧妙的方法。

广播式网络在数据链路层还要处理新的问题，即如何控制对共享信道的访问。数据链路层的一个特殊的子层——介质访问子层，就是专门处理这个问题的。

（3）网络层

网络层（Network Layer）的主要功能是完成网络中主机间的报文传输，其关键问题之一是使用数据链路层的服务将每个报文从源端传输到目的端。在广域网中，这包括产生从源端到目的端的路由，并要求这条路径经过尽可能少的IMP。如果在子网中同时出现过多的报文，子网可能形成拥塞，必须加以避免，此类控制也属于网络层的内容。

当报文不得不跨越两个或多个网络时，又会产生很多新问题。例如第二个网络的寻址方法可能不同于第一个网络；第二个网络也可能因为第一个网络的报文太长而无法接收；两个网络使用的协议也可能不同，等等。网络层必须解决这些问题，使异构网络能够互连。

在单个局域网中，网络层是冗余的，因为报文是直接从一台计算机传送到另一台计算机的，因此网络层所要做的工作很少。

（4）传输层

传输层（Transport Layer）的基本功能是从会话层接收数据，在必要时把它分成较小的单元，传递给网络层，并确保到达对方的各段信息正确无误，而且，这些任务都必须高效率地完成。从某种意义上讲，传输层使会话层不受硬件技术变化的影响。通常，会话层每请求建立一个传输连接，传输层就为其创建一个独立的网络连接。一方面，如果传输连接需要较高的信息吞吐量，传输层也可以为之创建多个网络连接，让数据在这些网络连接上分流，以提高吞吐量。另一方面，如果创建或维持一个网络连接不合算，传输层可以将几个传输连接复用到一个网络连接上，以降低费用。在任何情况下，都要求传输层能使多路复用对会话层透明。

传输层也要决定向会话层以及最终向网络用户提供什么样的服务。最流行的传输连接是一条无错的、按发送顺序传输报文或字节的点到点的信道。但是，还有的传输服务是不能保证传输次序的独立报文传输和多目标报文广播，采用哪种服务是在建立连接时确定的。

传输层是真正的从源到目标"端到端"的层，也就是说，源端机上的某程序，利用报文头和控制报文与目标机上的类似程序进行对话。在传输层以下的各层中，协议层每台机器和它直接相邻的机器间的协议不是最终的源端机与目标机之间的协议，在它们中间可能还有多个路由器。图8-7说明了这种区别，1~3层是点到点连接起来的，4~7层是主机之间端到端连接起来的。

很多主机有多道程序在运行，这意味着这些主机有多条连接进出，因此需要有某种方式来区别报文属于哪条连接。识别这些连接的信息可以放入传输层的报文头。除了将几个报文流多路复用到一条通道上，传输层还必须解决跨网络连接的建立和拆除。这需要某种命名机制，使机器内的进程可以讲明它希望与谁会话。另外，还需要一种机制以调节通信量，使高速主机不会发生过快向低速主机传输数据的现象。这样的机制称为流量控制（Flow Control），在传输层（同样在其他层）中扮演着关键角色。主机之间的流量控制和路由器之间的流量控制不同，但流量控制所使用的原理对二者都适用。

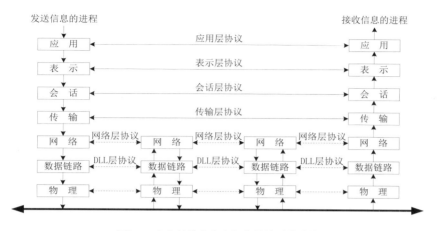

图8-7　由中间节点建立起来的端对端连接

（5）会话层

会话层（Session Layer）允许不同机器上的用户建立会话（Session）关系，会话层允许进行类似传输层的普通数据的传输，并提供了对某些应用有用的增强服务会话，也可用于远程登录到分时系统或在两台机器间传递文件。

会话层服务之一是管理对话，会话层允许信息同时双向传输，或任一时刻只能单向传输。若属于后者，则类似于单线铁路，会话层将记录此时该轮到哪一方了。

一种与会话有关的服务是令牌管理（Token Management）。有些协议保证双方不能同时进行同样的操作，这一点很重要。为了管理这些活动，会话层提供了令牌。令牌可以在会话双方之间交换，只有持有令牌的一方可以执行某种关键操作。

另一种会话服务是同步（Synchronization）。如果网络平均每小时出现一次大故障，两台计算机之间要进行长达两小时的文件传输时，每一次传输中途失败后，都不得不重新传输这个文件。当网络再次出现故障时，传输文件又可能半途而废了。为了解决这个问题，会话层提供了一种方法，即在数据流中插入检查点。每次网络崩溃后，仅需要重传最后一个检查点以后的数据。

（6）表示层

表示层（Presentation Layer）完成某些特定的功能，由于这些功能常被请求，因此人们希望找到通用的解决办法，而不是让每个用户来实现。值得一提的是，表示层以下的各层只关心可靠地传输比特流，而表示层关心的是所传输的信息的语法和语义。

表示层服务的一个典型例子是用一种大家一致同意的标准方法对数据编码。大多数用户程序之间并不是交换随机的比特流，而是诸如人名、日期、货币数量和发票之类的信息。这些对象是用字符串、整型、浮点数的形式，以及由几种简单类型组成的数据结构来表示的。不同的机器由不同的代码来表示字符串（如ASCII和Unicode）、整型（如二进制反码和二进制补码）等。为了让采用不同表示法的计算机之间能进行通信，交换中使用的数据结构可以用抽象的方式来定义，并且使用标准的编码方式。表示层管理这些抽象数据结构，并且在计算机内部表示法和网络的标准表示法之间进行转换。

（7）应用层

应用层（Application Layer）包含大量人们普遍需要的协议，例如，世界上有成百种不兼容的终端型号。如果希望一个全屏幕编辑程序能工作在网络中许多不同的终端类型上，每个终端都有不同的屏幕格式、插入和删除文本的换码序列、光标移动等，其困难可想而知。

解决这一问题的方法之一是定义一个抽象的网络虚拟终端（Network Virtual Terminal），编辑程序和其他所有程序都面向该虚拟终端。对每一种终端类型，都写一段软件来把网络虚拟终端映射到实际的终端。例如，当把虚拟终端的光标移到屏幕左上角时，该软件必须发出适当的命令使真正的终端的光标移动到同一位置。所有虚拟终端软件都位于应用层。

另一个应用层功能是文件传输。不同的文件系统有不同的文件命名原则，文本行有不同的表示方式等。不同的系统之间传输文件所需处理的各种不兼容问题也同样属于应用层的工作。此外还有电子邮件、远程作业输入、名录查询和其他各种通用和专用的功能。

值得注意的是，OSI模型本身不是网络体系结构的全部内容，这是因为它并未确切地描述用于各层的协议和实现方法，仅仅告诉我们每一层应该完成的功能。不过，ISO已经为各层制定了相应的标准，但这些标准并不是模型的一部分，它们是作为独立的国际标准发布的。

在OSI参考模型中，有三个基本概念：服务、接口和协议，也许OSI模型最重要的贡献是将这三个概念区分清楚了。OSI参考模型是在其协议开发之前设计出来的，一方面意味着OSI模型不是基于某个特定的协议集而设计的，因而它更具有通用性；另一方面，也意味着OSI模型在协议实现方面存在某些不足。实际上，OSI协议过于复杂，这也是OSI从未真正流行开来的原因所在。虽然OSI模型和协议并未获得巨大的成功，但是OSI参考模型在计算机网络的发展过程中仍然起到了非常重要的指导作用，作为一种参考模型和完整体系，它仍对今后计算机网络技术朝标准化、规范化方向发展具有指导意义。

8.3.2 TCP/IP参考模型

1．TCP/IP模型描述

现在从OSI参考模型转向计算机网络的始祖ARPAnet和其后继的因特网使用的参考模型，TCP/IP是20世纪70年代中期美国国防部为其研究网络ARPAnet开发的网络体系结构。ARPAnet最初是通过租用的电话线将美国的几百所大学和研究所连接起来。随着卫星通信技术和无线电技术的发展，这些技术也被应用到ARPAnet网络中，而已有的协议已不能解决这些通信网络的互连问题，于是就提出了新的网络体系结构，用于将不同的通信网络无缝连接。这个体系结构在它的两个主要协议出现以后，被称为TCP/IP参考模型（TCP/IP Reference Model）。它的最初定义由Cerf和Kahn在1974年提出，然后在1985年Leinel等又给出了一些结论，1988年Clark讨论了此模型的设计思想。

图8-8给出了TCP/IP参考模型。TCP/IP参考模型是4层结构，下面分别讨论这4层的功能。

图8-8 TCP/IP参考模型

（1）网络接口层

这是TCP/IP模型的最底层，负责接收从IP层交来的IP数据报并将IP数据报通过底层物理网络发送出去，或者从底层物理网络上接收物理帧，抽出IP数据报，交给IP层。网络接口有两种类型：第一种是设备驱动程序，如局域网的网络接口；第二种是含自身数据链路协议的复杂子系统，如X.25中的网络接口。

事实上，在TCP/IP模型描述中，互联网层的下面什么都没有，TCP/IP参考模型没有真正描述这一部分，只是指出主机必须使用某种协议与网络连接，以便能在其上传递IP分组。这个协议未被定义，并且随主机和网络的不同而不同。有关TCP/IP参考模型的书和文章很少谈及它。

（2）互联网层

互联网层的主要功能是负责相邻节点之间的数据传送。它的主要功能包括三个方面：第一，处理来自传输层的分组发送请求。将分组装入IP数据报，填充报头，选择去往目的节点的路径，然后将数据报发往适当的网络接口。第二，处理输入数据报。首先检查数据报的合法性，然后进行路由选择，假如该数据报已到达目的节点（本机），则去掉报头，将IP报文的数据部分交给相应的传输层协议；假如该数据报尚未到达目的节点，则转发该数据报。第三，处理ICMP报文。即处理网络的路由选择、流量控制和拥塞控制等问题。TCP/IP网络模型的互联网层在功能上非常类似于OSI参考模型中的网络层。

（3）传输层

TCP/IP参考模型中传输层的作用与OSI参考模型中传输层的作用是一样的，即在源节点和目的节点的两个进程实体之间提供可靠的端到端的数据传输。为保证数据传输的可靠性，传输层协议规定接收端必须发回确认，并且假定分组丢失，必须重新发送。

传输层还要解决不同应用程序的标识问题，因为在一般的通用计算机中，常常是多个应用程序同时访问互联网。为区别各个应用程序，传输层在每一个分组中增加识别信源和信宿应用程序的标记。另外，传输层的每一个分组均附带校验和，以便接收节点检查接收到的分组的正确性。

TCP/IP模型提供了两个传输层协议：传输控制协议TCP和用户数据报协议UDP。TCP协议是一个可靠的面向连接的传输层协议，它将某节点的数据以字节流形式无差错投递到互联网的任何一台机器上。发送方的TCP将用户交来的字节流划分成独立的报文并交给互联网层进行发送，而接收方的TCP将接收的报文重新装配交给接收用户。TCP同时处理有关流量控制的问题，以防止快速的发送方淹没慢速的接收方。用户数据报协议UDP是一个不可靠的、无连接的传输层协议，UDP协议将可靠性问题交给应用程序解决。UDP协议主要面向请求/应答式的交易型应用，一次交易往往只有一来一回两次报文交换，假如为此而建立连接和撤销连接，开销是相当大的，这种情况下使用UDP就非常有效。另外，UDP协议也应用于那些对可靠性要求不高，但要求网络延迟较小的场合，如话音和视频数据的传送，IP、TCP和UDP的关系如图8-9所示。

（4）应用层

TCP/IP模型没有会话层和表示层，由于没有需要，所以把它们排除在外。来自OSI模型的经验已经证明，它们对大多数应用程序都没有用处。传输层的上面是应用层，它包含所有的高层协议。最早引入的是虚拟终端协议（TELNET）、文件传输协议（FTP）和电子邮件协议（SMTP），如图8-9所示。

图8-9　TCP/IP模型各层使用的协议

虚拟终端协议允许一台机器上的用户登录到远程机器上并且进行工作。文件传输协议提供了有效的把数据从一台机器移动到另一台机器的方法。电子邮件协议最初仅是一种文件传输，但是后来为它提出了专门的协议。这些年来又增加了不少的协议，例如域名系统服务DNS（Domain Name Service），用于把主机名映射到网络地址；NNTP协议，用于传递新闻文章；还有HTFP协议，用于在万维网（WWW）上获取主页等。

2．TCP/IP参考模型的特点

TCP/IP是目前最成功、使用最频繁的互联协议。虽然现在已有许多协议都适用于互联网，但只有TCP/IP最突出，因为它在网络互联中用得最为广泛。

（1）TCP/IP模型的两大边界

TCP/IP分层模型中有两大重要边界：一个是地址边界，它将IP逻辑地址与底层网络的硬件地址分开；一个是操作系统边界，它将网络应用与协议软件分开，如图8-10所示。TCP/IP分层模型中，存在一个地址上的边界，它将底层网络的物理地址与互联网层的IP地址分开，该边界出现在互联网层与网络接口层之间。互联网层和其上的各层均使用IP地址，网络接口层则使用各种物理网络的物理地址，即底层网络的硬件地址。TCP/IP提供在两种地址之间进行映射的功能。划分地址边界的目的也是为了屏蔽底层物理网络的地址细节，以便使互联网软件在地址问题上显得简单而清晰，易于实现和理解。

TCP/IP的不同实现，可能会导致TCP/IP软件在操作系统内的位置有所不同，但大部分TCP/IP的实现都类似于图8-10所示的情况。影响操作系统边界划分的最重要因素是协议的效率问题，在操作系统内部实现的协议软件，其数据传递的效率明显要高。

4	应用层	OS外部空间
3	传输层	OS内部空间
2	互联网层	使用网络地址 （IP地址）
1	网络接口层	使用物理地址 （MAC地址）

图8-10　TCP/IP模型的两大边界

（2）IP层的特点

首先，IP层作为通信子网的最高层，提供无连接的数据报传输机制，但IP协议并不能保证IP报文传递的可靠性。其次，IP是点到点的。用IP进行通信的主机或路由器位于同一物理网络，对等机器（主机－路由器、路由器－路由器以及主机－主机）之间拥有直接的物理连接。

TCP/IP是为包容各种物理网络技术而设计的，这种包容性主要体现在IP层中。各种物理网络技术（如各种局域网和广域网）在帧或报文格式、地址格式等方面差别很大。TCP/IP的重要思想之一就是通过IP将各种底层网络技术统一起来，达到屏蔽底层细节，提供统一界面的目的，即统一的虚拟网。

IP向上层（主要是TCP层）提供统一的IP报文，使得各种网络帧或报文格式的差异性对高层协议不复存在。这种统一的意义不容忽视，因为这是TCP/IP互联网首先希望实现的目标。IP层是TCP/IP实现异构网互联最关键的一层。

（3）TCP/IP的可靠性

在TCP/IP网络中，IP采用无连接的数据报机制，对数据进行"尽力传递"，即只管将报文尽力传送到目的主机，无论传输正确与否，不做验证，不发确认，也不保证报文的顺序。

TCP/IP的可靠性体现在传输层，传输层协议之一的TCP协议提供面向连接的服务（传输层的另一个协议UDP是无连接的）。因为传输层是端到端的，所以TCP/IP的可靠性被称为端到端可靠性。

端到端可靠性思想有两个优点。第一，TCP/IP跟ISO/OSI协议相比，显得简洁清晰。面向连接协议的复杂性比无连接协议要高出许多。TCP/IP只在TCP层提供面向连接的服务，比若干层同时向用户提供连接服务的协议要显得简单。第二，TCP/IP的效率相当高。TCP/IP的IP协议是"尽力传递"方式，只有TCP层为保证传输可靠性而做必要的工作，不像ISO/OSI几乎每一层都要保证可靠传输。实践证明，TCP/IP的效率比ISO/OSI要高，尤其是当低层物理网络很可靠时，TCP/IP的效率更加可观。

（4）TCP/IP模型的特点

TCP/IP将不同的底层物理网络、拓扑结构隐藏起来，向用户和应用程序提供通用的、统一的网络服务。这样，从用户的角度看，整个TCP/IP互联网就是一个统一的整体，它独立于具体的各种物理网络技术，能够向用户提供一个通用的网络服务，如图8-11所示。在某种意义上，可以把这个单一的网络看作一个虚拟网，在逻辑上它是独立的、统一的，在物理上它是由不同的网络互连而成。将TCP/IP互联网看作单一网络的观点，极大地简化了细节，使用户极易建立起TCP/IP互联网的概念。

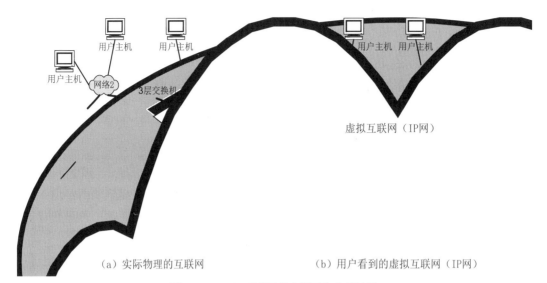

（a）实际物理的互联网　　　　　　（b）用户看到的虚拟互联网（IP网）

图8-11　TCP/IP互联网用户视图和内部结果

TCP/IP互联网还有一个基本思想，即任何一个能传输数据分组的通信系统，均可被看作是一个独立的物理网络，这些通信系统均受到互联网协议的平等对待。大到广域网，小到LAN，甚至两台机器之间的点到点专线以及拨号电话线路都被当作网络，这就是互联网的网络对等性。网络对等性为协议设计者提供了极大的方便，大大简化了对异构网的处理。

可见，TCP/IP网络完全撇开了底层物理网络的特性，是一个高度抽象的概念，正是这一抽象的概念，为TCP/IP网络赋予了巨大的灵活性和通用性。

8.3.3　OSI参考模型与TCP/IP参考模型的比较

通过前面的讨论，已经看到TCP/IP模型和ISO/OSI模型有许多相似之处。例如，两种模型中都包含能提供可靠的进程之间端到端传输服务的传输层，而在传输层之上是面向用户应用的传输服务。

尽管ISO/OSI模型和TCP/IP模型基本类似，但是它们还是有许多不同之处。在这一节里，将讨论两种模型的不同之处。有一点需要特别指出，这里是比较两种参考模型的差异，并不对两个模型中所使用的协议进行比较。

在ISO/OSI参考模型中，有3个基本概念，服务、接口和协议。ISO/OSI模型的最重要的贡献是将这3个概念区分清楚了。每一层都为其上层提供服务，服务的概念描述了该层所做的工作，并不涉及服务的实现以及上层实体如何访问的问题。层间接口描述了高层实体如何访问低层实体提供的服务，接口定义了服务访问所需的参数和期望的结果。接口仍然不涉及到某层实体的内部机制，而只有不同机器同层实体使用的对等进程才涉及层实体的实现问题。只要能够完成它必须提供的功能，对等层之间可以采用任何协议。如果愿意，对等层实体可以任意更换协议而不影响高层软件。

上述思想非常符合现代的面向对象的程序设计思想，一个对象（如模型中的某一层），有一组它的外部进程可以使用的操作。这些操作的语义定义了对象所能提供的服务的集合。对象的内部编码和协议对外是不可见的，也与对象的外部世界无关。

TCP/IP模型并不十分清晰地区分服务、接口和协议这些概念。相比TCP/IP模型，ISO/OSI模型中的协议具有更好的隐蔽性且更容易被替换。ISO/OSI参考模型是在其协议被开发之前设计出来的，一方面，这意味着ISO/OSI模型并不是基于某个特定的协议集设计的，因而它更具有通用性；另一方面，意味着ISO/OSI模型在协议实现方面存在某些不足。

TCP/IP模型正好相反，先有协议，模型只是现有协议的描述，因而协议与模型非常吻合，问题在于TCP/IP模型不适合其他网络模型协议栈，因此，它在描述其他非TCP/IP网络时用处不大。

下面来看看两种模型的具体差异。

显而易见的差异是两种模型的层数不一样，ISO/OSI模型有7层，而TCP/IP模型只有4层。两者都有网络层、传输层和应用层，但其他层是不同的。

两者的另外一个差别是有关服务类型方面。ISO/OSI模型的网络层提供面向连接和无连接两种服务，而传输层只提供面向连接服务。TCP/IP模型在网络层只提供无连接服务，但在传输层却提供两种服务。

综上所述，使用ISO/OSI模型（去掉会话层和表示层）可以很好地讨论计算机网络，但是OSI协议并未流行。TCP/IP模型正好相反，其模型本身并不存在，只是对现存协议的一个归纳和总结，但TCP/IP协议却被广泛使用。OSI试图达到一种理想境界，即全世界的计算机网络都遵循这统一的标准，因而全世界的计算机都将能够很方便地进行互连和交换数据。在20世纪80年代，许多大公司甚至一些国家的政府机构都纷纷表示支持OSI。当时看来似乎在不久的将来，全世界一定会都按照OSI制订的标准来构造自己的计算机网络。然而到了20世纪90年代初期，虽然整套的OSI国际标准都已经制定出来了，但由于因特网已抢先在全世界覆盖了相当大的范围，而与此同时却几乎找不到有什么厂家生产出符合OSI标准的商用产品，因此人们得出这样的结论：OSI只获得了一些理论研究的成果，但在市场化方面OSI则事与愿违地失败了。现今规模最大的、覆盖全世界的计算机网络——因特网并未使用OSI标准。OSI失败的原因可归纳为以下几方面。

① OSI的专家们缺乏实际经验，他们在完成OSI标准时没有商业驱动力。

② OSI的协议实现起来过分复杂，而且运行效率很低。

③ OSI标准的制定周期太长，因而使得按OSI标准生产的设备无法及时进入市场。

④ OSI的层次划分也不太合理，有些功能在多个层次中重复出现。

按照一般的概念，网络技术和设备只有符合有关的国际标准才能在大范围获得工程上的应用。但现在情况却反过来了，得到最广泛应用的不是法律上的国际标准OSI，而是非国际标准TCP/IP。这样，TCP/IP就常被称为是事实上的国际标准，从这种意义上说，能够占领市场的就是标准。在过去制订标准的组织中往往以专家、学者为主，但现在许多公司都纷纷挤进各种各样的标准化组织，使得技术标准具有浓厚的商业气息。一个新标准的出现，有时不一定反映出其技术水平是最先进的，而是往往有着一定的市场背景。

8.3.4 本书网络教学参考模型

OSI的七层协议体系结构既复杂又不实用，但其概念清楚，体系结构和理论较完整。

TCP/IP的协议现在得到了广泛的应用，但它原先并没有一个明确的体系结构。TCP/IP是一个四层的体系结构，它包含应用层、运输层、互联网层和网络接口层。从实质上讲，TCP/IP只有三层，即应用层、运输层和互联网层，因为最下面的网络接口层并没有什么具体内容。因此，在学习计算机网络原理时往往采取折中的办法，即综合OSI和TCP/IP的优点，采用一种只有五层协议的体系结构，如图8-12所示，这样既简洁又能将概念阐述清楚。

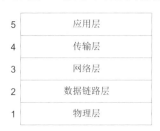

图8-12　五层协议的体系结构

现在结合因特网的情况，自上而下地简单介绍一下各层的主要功能。

（1）应用层（Application Layer）

应用层是体系结构中的最高层。应用层确定进程之间通信的性质以满足用户的需要（这反映在用户所产生的服务请求），这里的进程就是指正在运行的程序。应用层不仅要提供应用进程所需要的信息交换和远程操作，而且还要作为互相作用的应用进程的用户代理（User Agent），来完成一些语义方面的信息交换所必须的功能。应用层直接为用户的应用进程提供服务。在因特网中的应用层协议很多，如支持万维网应用的HTTP协议，支持电子邮件的SMTP协议，支持文件传送的FTP协议等。

（2）运输层（Transport Layer）

运输层的任务就是负责主机中两个进程之间的通信。因特网的运输层可使用两种不同协议，即面向连接的传输控制协议TCP（Transmission Control Protocol）和连接的用户数据报协议UDP（User Datagram Protocol）。运输层的数据传输单位是报文段（Segment）（当使用TCP时）或用户数据报（当使用UDP时）。面向连接的服务能够提供可靠的交付，但五连接服务则不保证提供可靠的交付，它只是"尽最大努力交付"（Best-effort Delivery）。这两种服务方式都很有用，各有其优缺点。

在分组交换网内的各个交换节点机都没有运输层，运输层只能存在于分组交换网外面的主机之中，运输层以上的各层就不再关心信息传输的问题了。正因为如此，运输层就成为计算机网络体系结构中非常重要的一层。

（3）网络层（Network Layer）

网络层负责为分组交换网上的不同主机提供通信，在发送数据时，网络层将运输层产生的报文段或用户数据报进行分组或封装成包进行传送。在TCP/IP体系中，分组也叫作IP数据报，或简称为数据报。本书以后将"分组"和"数据报"作为同义词使用，但读者应注意，不要将运输层的"用户数据报"和网络层的"IP数据报"混淆。

网络层的另一个任务就是要选择合适的路由，使源主机运输层所传下来的分组能够交付到目的主机。这里要强调的是，网络层中的"网络"二字，已不是人们通常谈到的具体网络，而是在计算机网络体系结构模型中的专用名词。

对于由广播信道构成的分组交换网，路由选择的问题很简单，因此这种网络的网络层非常简单，甚至可以没有。互联网是一个很大的网络，它由大量的异构（Heterogeneous）网络通过路由器（Router）相互连接起来。因特网主要的网络层协议是无连接的网际协议IP（Internet Protocol）和许多种路由选择协议，因此因特网的网络层也叫作互联网层或IP层。

（4）数据链路层（Data Link Layer）

在发送数据时，数据链路层的任务是将在网络层交下来的IP数据报组装成帧（Framing），在两个相邻节点间的链路上传送以帧（Frame）为单位的数据。每一帧包括数据和必要的控制信息（如同步信息、地址信息、差错控制以及流量控制信息等）。控制信息使接收端能够知道一个帧从哪个比特开始和到哪个比特结束。

控制信息还使接收端能够检测到所收到的帧中有无差错。如发现有差错，数据链路层就丢弃这个出了差错的帧，然后采取下面两种方法之一。一是不作任何其他的处理，二是由数据链路层通知对方重传这一帧，直到正确无误地收到此帧为止。数据链路层有时也简称为链路层。

（5）物理层（Physical Layer）

物理层的任务就是透明地传递比特流，在物理层上所传数据的单位是比特。传递信息所利用的物理媒体有双绞线、同轴电缆、光缆等，这些并不在物理层之内而是在物理层的下面，因此也有人把物理媒体当作第0层。

"透明"是一个很重要的术语，它表示某一个实际存在的事物看起来好像不存在一样。"透明地传送比特流"表示经实际电路传送后的比特流没有发生变化，因此，对传送比特流来说，由于这个电路并没有对其产生什么影响，因而比特流就"看不见"这个电路。或者说，这个电路对该比特流来说是透明的。这样，任意组合的比特流都可以在这个电路上传送。当然，哪几个比特代表什么意思，不是物理层要管的。物理层要考虑的是多大的电压代表"1"或"0"，以及当发送端发出比特"1"时，在接收端如何识别出这是比特"1"而不是比特"0"。物理层还要确定连接电缆的插头应当有多少根腿以及各个腿应如何连接。

在因特网所使用的各种协议中，最重要的和最著名的就是TCP和IP两个协议。现在人们经常提到的TCP/IP并不一定是指TCP和IP这两个具体的协议，而往往是表示因特网所使用的体系结构或是指整个的TCP/IP协议族（Protocol Suite）。

图8-13说明的是应用进程的数据在各层之间的传递过程中所经历的变化。为简单起见，这里假定两个主机是直接相连的。假定计算机1的应用进程AP1，向计算机2的应用进程AP2传送数据。AP1先将数据交给第5层（应用层），第5层加上必要的控制信息H5就变成了下一层的数据单元，第4层（运输层）收到这个数据单元后，加上本层的控制信息H4，再交给第3层（网络层），成为第3层的数据单元，依次类推。但是，到了第2层（数据链路层）后，控制信息分成两部分，分别加到本层数据单元的首部H2和尾部T2，而第1层（物理层）由于是比特流的传送，所以不再加上控制信息。

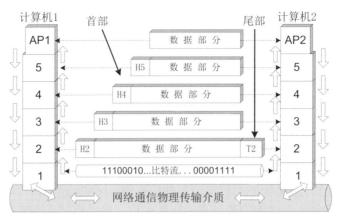

图8-13　主机双方通信数据在各层之间的传递过程

在OSI参考模型中，在对等层次上传送的数据，其单位都称为该层的协议数据单元PDU（Protocol Data Unit），这个名词现已被许多非OSI标准采用。当这一串的比特流经网络的物理媒体传送到目的站时，就从第1层依次上升到第5层。每一层根据控制信息进行必要的操作，然后将控制信息剥去，将该层剩下的数据单元上交给更高的一层。最后，把应用进程API发送的数据交给目的站的应用进程AP2。

可以用一个简单的例子来比喻上述过程。有一封信从最高层向下传，每经过一层就包上一个新的信封，包有多个信封的信传送到目的站后，从第1层起，每层拆开一个信封后就交给它的上一层，传到最高层后，取出发信人所发的信交给收信用户。

虽然应用进程数据要经过如图8-13所示的复杂过程才能送到对方的应用进程，但这些复杂过程对用户来说都被屏蔽掉了，以致应用进程API觉得是直接把数据交给了应用进程AP2。同理，任何两个同样的层次（例如在两个系统的第4层）之间，也好像图中的水平虚线所示的那样，将数据（即数据单元加上控制信息）通过水平虚线直接传递给对方。

这就是所谓的"对等层"（Peer Layers）之间的通信。人们以前经常提到的各层协议，实际上就是在各个对等层之间传递数据时的各项规定。因为几个层次画在一起很像一个栈（Stack）的结构，因此在很多文献中又把这种网络分层结构称为"协议栈"（Protocol Stack）。

8.4 网络标准化

标准不仅使不同的计算机可以通信，而且可以使符合标准的产品扩大市场，这将导致大规模生产、制造业的规模经济、VLSI实现以及降低成本，并更进一步提高用户可接受性的好处。下面介绍一下重要的国际标准化工作。

标准可分为两大类：既成事实的标准和合法的标准。既成事实的标准是那些没有正式计划，仅仅是出现了的标准。IBM PC及其系列产品是小型办公计算机的既成事实标准，因为很多制造商都选择了仿制IBM机器。在大学的计算机科学系里，UNIX是操作系统的既成事实标准。

合法的标准是由一些权威标准化实体采纳的正式的、合法的标准。国际标准权威通常分为两类：根据国家政府间的协议自愿建立的和非协议组织。计算机网络标准领域，有几个类型的组织，下面将进行讨论。

8.4.1　电信领域中最有影响的组织

在1865年，欧洲许多政府的开会代表组成了今天的国际电信联盟ITU（International Telecommunication Union）的前身。ITU的工作是标准化国际电信，在那时就是电报。如果一半国家使用摩尔斯（Morse）码，而另一半使用其他编码，麻烦就会出现。当电话开始提供国际服务时，ITU又接管了电话标准化的工作。在1947年，ITU成为了联合国的一个办事处。ITU有3个主要部门：无线通信部门（ITU-R）、电信标准化部门（ITU-T）、开发部门（ITU-D）。

ITU-R为世界范围的利益竞争组织分配无线频率，这里主要讨论ITU-T，它处理电话和通信系统。1953~1993年，ITU-T被称为CCITT，这来源于它的法语第一个字母的缩写。1993年3月1日，CCITT被重组并更名以反映其新的特色。

ITU-T和CCITT都在电话和数据通信领域提出建议。人们仍然时常遇到CCITT建议，例如CCITT X.25，尽管自1993年起这些建议都打上了ITU-T标记。

ITU-T有5类成员，如下所述。

- 政府部门（国家的邮电部）。
- 得到许可的私人运营商（如AT&T、MCI、英国电信）。
- 地区电信组织（如欧洲ETST）。
- 电信制造商和科研组织。
- 其他有兴趣的组织（如银行业和航空公司网络）。

ITU-T大约有200个政府部门成员，100个私人运营商，以及几百个其他成员。只有政府部门成员可以投票，但是所有的成员都可以参与ITU-T的工作。ITU-T的任务是制定电话、电报和数据通信接口的技术建议。它们都逐渐成为国际承认的标准，如V.24（在美国被称为EIARS-232），它定义了由大多数异步终端使用的连接头的每根针的位置和含义。

应该注意到ITU-T建议仅仅是技术建议，政府可以按自己的意愿采用或忽略它。实际上，一个国家可以自由决定采用和世界上其他地方不同的电话标准，但这样做的代价是带来了与其他国家的不兼容。ITU-T的实际工作是在研究组（Study Group）完成的，通常有400人。为了能够完成工作，研究组又分成了工作班（Working Party），然后又分为专家小组（Expert Team），最后分成特别小组（Ad Hoc Group）。

ITU-T现在每年产生大概5 000页的建议，由各成员支付ITU-T的开支。大的、富有的国家每年要支付多达30个捐资份额，贫穷国家则只需支付1/16个捐资份额（1个份额约合250 000美元）。自80年代开始，随着电信完成了从完全的国家性向完全的全球性的转变，标准变得越来越重要，并且越来越多的组织愿意参与进来。

8.4.2　国际标准领域中最有影响的组织

国际标准是由国际标准化组织ISO（International Standards Organization）制定的，它是在1946年成立的一个自愿的、非条约的组织。它的成员是89个成员国的国家标准化组织，包括ANSI（美国）、BSI（英国）、AFNOR（德国）、DIN（法国）和其他85个组织。

ISO为大量科目制定标准，从螺钉到螺帽等，已经制定了5 000多个标准，包括OSI标准。ISO有大约200个技术委员会（TC），按创建的顺序编号，每个委员会处理专门的主题。TCl处理螺钉和螺帽（标准化螺钉行业），TC97处理计算机和信息。每个技术委员会都有分委员会（SC），分委员会又分为工作组（WG）。

实际工作大部分是由世界各地的大约100 000多个志愿者组成的工作组完成的。很多"志愿者"都是被其雇主指定为ISO工作，因为其产品正在标准化。其他的是热心于让自己国家的实现方法成为国际标准的国家官员。学术专家在许多工作组中也很活跃。在电信标准上，ISO和1TU-T常常合作以避免出现两个正式的但互相不兼容的国际标准（ISO是ITU-T的成员）。

美国在ISO中的代表是ANSI（美国国家标准协会），其实它是一个私有的、非政府的、非盈利的组织，它的成员是制造商、公用传输业者以及其他感兴趣的团体。ANSI标准常常被ISO采纳为国际标准。

ISO采纳标准的程序基本上是相同的，最开始是某个国家标准化组织觉得在某领域需要有一个国际标准，随后就成立一个工作组以提出委员会草案CD（Committee Draft）。委员会草案在多数成员实体赞同后，就制定一个修订文档，称为国际标准草案DIS（Draft International Standard），并且在成员中传阅以评价和投票。经过这一过程，最后的国际标准（International Standard）文本准备好后即获得核准和出版。在有较大争议的领域，CD或DIS在获得足够的票数以前可能要经历好几个版本，整个过程要持续数年。

标准界的另一个主角是电器和电子工程师协会IEEE（Institute of Electrical and Electronics Engineer's），它是世界上最大的专业组织。除了每年出版大量的杂志和召开很多次会议外，在电子工程和计算机领域内，IEEE有一个标准化组制定各种标准。例如，IEEE802关于局域网的标准是LAN的重要标准，后来ISO以它为基础制定了ISO8002。

 8.4.3　因特网标准领域中最有影响的组织

标准化工作对因特网的发展起到了非常重要的作用，众所周知，标准化工作的好坏对一种技术的发展有着很大的影响。缺乏国际标准将会使技术的发展处于混乱的状态，盲目自由竞争的结果很可能形成多种技术体制并存且互不兼容的状态（如过去形成的彩电三大制式），给用户带来较大的不方便。但国际标准的制定是一个非常复杂的问题，这里既有很多技术问题，也有很多非技术问题，还有不同厂商之间经济利益的争夺问题等。

标准制定的时机很重要。标准制定得过早，由于技术还没有发展到成熟水平，会使技术比较陈旧的标准限制了产品的技术水平，其结果是以后不得不再次修订标准，造成浪费。反之，若标准制定得太迟，又会使技术的发展无章可循，造成产品的互不兼容，也会影响技术的发展。因特网在制定其标准上很有特色，它的一个很重要的特点是面向公众，因特网所有的技术文档都可以从因特网上免费下载，而且任何人都可以用电子邮件随时发表对某个文档的意见或建议，这种方式对因特网的迅速发展影响很大。

1992年，因特网不再归美国政府管辖，因此成立了一个国际性组织叫作因特网协会ISOC（Internet Society），以便对因特网进行全面管理以及在世界范围内促进其发展和使用。ISOC下面有一个技术组织叫作因特网体系结构委员会IAB（Internet Architecture Board），负责管理因特网有关协议的开发。IAB下面又设有两个工程部，因特网工程部IETF和因特网研究部IRTF。

因特网工程部IETF（Internet Engineering Task Force）是由许多工作组WG（Working Group）组成的论坛（forum），具体工作由因特网工程指导小组IESG（Internet Engineering Steering Group）管理。这些工作组划分为若干个领域（area），每个领域集中研究某一特定的短期和中期的工程问题，主要是针对协议的开发和标准化。

因特网研究部IRTF（Internet Research Task Force）是由一些研究组RG（Research Group）组成的论坛，具体工作由因特网研究指导小组IRSG（Internet Research Steering Group）管理。IRTF的任务是进行理论方面的研究和开发一些需要长期考虑的问题。

所有的因特网标准都是以RFC的形式在因特网上发表。RFC（Request For Comments）的意思就是"请求评论"，所有的RFC文档都可从因特网上免费下载。但应注意，并非所有的RFC文档都是因特网标准，最后只有一小部分RFC文档才能变成因特网标准。RFC按收到时间的先后，从小到大编上序号（即RFCxxxx，这里的xxxx是阿拉伯数字）。一个RFC文档更新后就使用一个新的编号，并在文档中指出原来老编号的RFC文档已成为陈旧的。例如，2001年8月公布了因特网正式协议标准[RFC2900]，此文档注明了"[RFC2800]已变为陈旧的"。但到了11月，[RFC2900]文档又更新了，新文档的编号是[RFC3000]，文档又注明"[RFC2900]已变为陈旧的"。现有的RFC文档中有不少已变为陈旧的，在参考时应当注意。

制定因特网的正式标准要经过以下4个阶段。

因特网草案（Internet Draft）——在这个阶段还不是RFC文档。

建议标准（Proposed Standard）——从这个阶段开始就成为RFC文档。

草案标准（Draft Standard）。

因特网标准（Internet Standard）。

因特网草案的有效期只有6个月，只有到了建议标准阶段才以RFC文档形式发表。为了成为提议的标准（Proposed Standard），必须在RFC中详细阐述基本思想，并且在团体中能引起足够的兴趣，以保证草案受到考虑。为了能达到草案标准（Draft Standard）阶段，必须在至少两个独立的地点，经过四个月的完全测试才能实现。如果IAB认为该思路可行并且软件能工作，它就宣布该RFC成为因特网标准（Internet Standard）。有些因特网标准成了美国国防部标准（MIL-STD），这成为美国国防部供应商的强制标准。

因特网之父David Clark有一句著名的评论：“因特网标准由大概一致的意见和运行代码组成”。

本章小结

本章主要介绍了网络的分类、网络体系结构、OSI网络参考模型以及网络标准化等知识点。通过对本章知识点的学习，可以更深层次地认识网络体系结构；通过对OSI模型与TCP/IP模型的比较，深入了解了参考模型各层次的功能及特点。掌握TCP/IP协议的5层体系结构，为后期网络知识的学习奠定坚实的基础。

习 题

问答题：

（1）简述计算机分组交换网络的要点。

（2）比较电路交换与分组交换的主要优缺点。

（3）计算机网络可从哪几个方面进行分类？

（4）计算机网络由哪几部分组成？

（5）什么是计算机网络体系结构？什么是协议、服务和接口？

（6）在FM（调频）电台广播中SAP地址是什么？

（7）无连接通信和面向连接通信的最主要区别是什么？

（8）两个网络都提供可靠的面向连接的服务。一个提供可靠的字节流，另一个提供可靠的报文流。二者是否相同？若是，说明为什么要区别它们？若不是，给出它们如何不同的例子。

（9）有确认服务和无确认服务有什么区别？在下列情况中，请说明哪些可能是有确认服务或无确认服务？或者二者皆是？或皆不是？

　　　　（a）连接建立。　　　（b）数据传输。　　　（c）连接释放。

（10）阐述使用分层协议的两个理由。

（11）阐述OSI参考模型和TCP/IP参考模型的两个共同点及两个不同点。

（12）在大多数网络中，数据链路层通过请求重传损坏帧来处理传输错误。如果帧损坏的概率为p，在确认帧不丢失的情况下，发一帧需要的平均传输次数是多少？

（13）OSI的哪一层分别处理以下问题：

　　　　（a）把传输的比特流划分为帧。

　　　　（b）决定使用哪条路径通过通信子网。

（14）试描述具有五层协议的网络体系结构的要点及各层的主要功能。